AF500007

LETTRES A ÉMILE

Nouvelle édition augmentée de

RÉCITS ANECDOTIQUES

SUR LES

DANGERS DE LA VIE DE GARÇON

PRINCIPAUX OUVRAGES

DU Dr ED. LANGLEBERT

1862. **DE L'ACCIDENT PRIMITIF PRODUIT PAR LA CONTAGION DES ACCIDENTS SECONDAIRES DE LA SYPHILIS.** 1 vol. in-12, 2e édition.

1864. **TRAITÉ THÉORIQUE ET PRATIQUE DES MALADIES VÉNÉRIENNES.** 1 fort vol. in-8°.

1873. **LA SYPHILIS DANS SES RAPPORTS AVEC LE MARIAGE.** 1 vol. in-12.

1875. **APHORISMES SUR LES MALADIES VÉNÉRIENNES,** suivis d'un Formulaire magistral pour le traitement de ces maladies. 1 vol. in-18, 2e édition.

1876. **DE LA DILATATION MÉDIATE, LENTE ET PROGRESSIVE,** appliquée au traitement des rétrécissements de l'urèthre. Br. in-8°.

1881. **SYPHILIS ET MARIAGE.** Br. gr. in-8°.

OUVRAGES

DU Dr LANGLEBERT FILS

1880. **NOUVEAUX PROCÉDÉS DE DILATATION DES RÉTRÉCISSEMENTS DE L'URÈTHRE,** ouvrage de 131 pages.

1882. **PORTE-TOPIQUE URÉTHRAL** pour le traitement de la blennorrhagie chronique. Communication à l'Académie de médecine.

1884. **TRAITÉ PRATIQUE DES MALADIES DES ORGANES SEXUELS,** ouvrage de 576 pages, avec figures dans le texte.

1885. **MÉMOIRE SUR LA SULFURINE** (bains sulfureux sans odeur) propriétés chimiques et thérapeutiques. Br. in-8°.

1888. **TRAITÉ PRATIQUE DE LA SYPHILIS,** ouvrage de 610 pages.

PARIS. — IMP. C. MARPON ET E. FLAMMARION, RUE RACINE, 26.

Dr ED. LANGLEBERT

LETTRES A ÉMILE

POUR FAIRE SUITE

A TOUS LES TRAITÉS D'ÉDUCATION DESTINÉS AUX JEUNES GENS

NOUVELLE ÉDITION AUGMENTÉE DE

RÉCITS ANECDOTIQUES

SUR LES DANGERS DE LA VIE DE GARÇON

PAR

Le Dr LANGLEBERT Fils

PARIS
C. MARPON ET E. FLAMMARION
ÉDITEURS
26, RUE RACINE, PRÈS L'ODÉON.

PRÉFACE

DE CETTE NOUVELLE ÉDITION

En publiant cette nouvelle édition des *Lettres à Émile* — qu'un haut fonctionnaire de l'instruction publique déclarait dernièrement à leur auteur regretter de ne pouvoir inscrire au programme de la classe de philosophie — nous sommes heureux de répondre au vœu exprimé par l'Académie de médecine, dans sa séance du 3 avril 1888 :

« S'efforcer de combattre les progrès incessants de la prostitution clandestine, en éclairant le public sur les dangers de cette prostitution spéciale. »

Ce livre étant surtout destiné aux jeunes gens, nous avons cru devoir y joindre l'exemple au précepte. On trouvera donc pour faire suite à ces lettres, une série de *Récits anecdotiques* sur les dangers de la vie de garçon, récits destinés à se graver dans la mémoire et dont le souvenir, ressuscité au moment opportun, permettra, par une prudente retraite, de se dérober au foyer de la contagion; ou si le mal est fait, s'il est trop tard, de le limiter, de le combattre à temps.

Dr LANGLEBERT Fils.

Paris, mars 1889.

AVANT-PROPOS

Vingt-cinq ans passés dans la pratique et dans l'enseignement des *maladies vénériennes* ont pu nous donner, sinon le talent, du moins l'autorité nécessaire pour mettre à exécution un projet depuis longtemps médité : celui d'ajouter un dernier chapitre au livre immortel de J.-J. Rousseau. Idée singulière ou tout au moins présomptueuse, me dira-t-on. Je le sais, et peu me coûte d'avouer ici que pareille audace ne m'a été inspirée que par la certitude de trouver mon excuse dans l'utilité du but que je me suis proposé.

Mon désir, comme médecin, est de compléter l'éducation d'Émile, qui a tout appris, excepté ce qu'il faut savoir pour vivre à Corinthe. Je veux lui dire les dangers qui menacent ses premiers pas dans cette ville des plaisirs, où l'attirent ses instincts, plus forts hélas! et bien autrement persuasifs que les éloquentes leçons que lui donna son maître. Je veux lui montrer les pièges tendus par nos Laïs de boudoir ou de carrefour et par leur immonde séquelle aux entraînements et à l'inexpérience de son âge.

Aux entraînements de la jeunesse, insensé qui voudrait résister de front. Ulysse, ô sage Ulysse! reste au gouvernail! surveille tes voiles, mais laisse passer l'orage; il n'aura qu'un temps. « Nos passions, a dit le maître d'Émile, sont les principaux instruments de notre conservation. C'est donc une entreprise aussi vaine que ridicule de vouloir les détruire; c'est contrôler la nature, c'est vouloir réformer l'ouvrage de Dieu. » Mais nous pouvons du moins et nous devons, par de sages conseils et par l'exemple, chercher à combattre l'inexpérience, notre pire ennemie. Le papillon, séduit par la lumière, traverse la flamme et y brûle ses ailes : le guérir, quand on le peut, c'est bien ; mais mieux eût valu lui apprendre d'avance à se garer du feu. Ne craignons donc point, sous le prétexte d'une fausse pudeur, d'enseigner aux jeunes gens ce qu'ils ne tarderaient pas à connaître par eux-mêmes et à leurs dépens.

La *prophylaxie* des maladies vénériennes (c'est ainsi qu'on appelle en grec et en médecine l'art de s'en préserver) a été l'objet de nombreux travaux. La plupart des auteurs qui se sont occupés de ces maladies ont tenu à honneur de mettre en relief dans leurs écrits ce sujet délicat et scabreux de l'hygiène privée. Je ne ferai moi-même que reproduire ici, en les modifiant seulement dans la forme, une foule d'articles du même genre, disséminés dans mes précédents ouvrages. Mais il est un côté de la question que j'avais, jusqu'à présent, passé sous silence, et que je me propose de traiter ici avec tous les détails que mérite son importance, au point de vue des plus chers intérêts de mes jeunes lecteurs. Je veux parler du *charlatanisme médical,* plus dangereux cent fois que les séductions de Laïs, pour la santé et pour la bourse des malheureux qui se laissent prendre dans ses filets.

La courtisane donne le mal; le charlatan l'aggrave et le prolonge, en le compliquant de l'amertume de ses drogues, vendues au poids de l'or. Démasquer cette exploitation sans honte, mettre à nu cette lèpre sociale, qui, de nos jours, et dans toutes les branches de la médecine, a pris les proportions d'une véritable calamité publique, sera donc faire œuvre bonne et utile.

Par de nombreux exemples, pris dans notre clientèle ou ailleurs, par l'indication nette, précise, de ce que peut l'art de guérir dans la spécialité qui nous occupe, nous mettrons le public à même d'apprécier la valeur de ces prétendues *cures radicales,* de tous ces *traitements infaillibles* approuvés par les Académies de Pontoise ou de Baume-les-Dames, de tous ces *remèdes souverains, merveilleux, toniques, sudorifiques, apéritifs, dépuratifs, etc., etc.*, dont les annonces, prospectus, affiches multicolores, de grand et petit format, font jour et nuit violence à nos regards, dans nos journaux, sur nos murailles, et jusqu'au plus profond de nos grottes Vespasiennes, leur sentine privilégiée. Nous dirons les faits et gestes de tous ces médicastres vide-goussets, exploiteurs patentés de la bêtise humaine, qui n'ont pris ou acheté leur diplôme que comme un port-d'armes pour chasser le pigeon.

Nous avons, je dois le dire, longtemps hésité avant d'aborder ce triste sujet, poussé d'un côté par l'intérêt public, retenu de l'autre par la crainte de nuire à la considération médicale. La réflexion a mis fin à nos scrupules, en nous démontrant que cette crainte était vaine. Le déshonneur de quelques-uns de ses membres ne saurait rejaillir sur une corporation tout entière, trop haut placée, pour qu'il puisse l'atteindre, dans l'estime de tous. L'auteur des *Provinciales*, si profondément religieux, flagellant de sa mordante ironie quelques pieux charlatans, savait bien qu'il ne porterait aucun préjudice à la vraie religion ni au prêtre qui sait dignement la servir. Et quand on voit combien il est facile au médecin de faire fortune hors du droit chemin, on ne peut qu'admirer combien est petit le nombre de ceux qui succombent, comparé à la masse de ceux qui préfèrent l'honnête aisance aux jouissances du bien mal acquis.

Ces *Lettres à Émile* se diviseront donc en deux parties distinctes, mais se faisant naturellement suite et se complétant : La *Prophylaxie des maladies vénériennes* et la *Prophylaxie du charlatanisme.*

Notre littérature médicale, si riche déjà,

trop riche peut-être en traités spéciaux sur le mal vénérien, manquait encore d'un livre de ce genre. Heureux si, en comblant cette lacune, nous avons pu utilement répondre au désir maintes fois exprimé par des pères de famille, qui, sachant par expérience combien peu la crainte du mal empêche de s'y exposer, regrettaient de n'avoir eu jusqu'alors, comme unique moyen d'en préserver leurs fils, que la visite traditionnelle à l'hôpital ou au musée Dupuytren, que remplaceront désormais, et avec avantage, les *Récits anecdotiques* ajoutés à cette nouvelle édition.

D[r] Ed. LANGLEBERT.

Paris, mars 1889.

LETTRES A ÉMILE

PREMIÈRE PARTIE

PROPHYLAXIE DES MALADIES VÉNÉRIENNES

PREMIÈRE LETTRE

CONSIDÉRATIONS GÉNÉRALES.
COUP D'ŒIL SUR L'ENSEMBLE DES MALADIES VÉNÉRIENNES.

« Prévenir le mal ! c'est le but capital du médecin ; c'est celui dont la poursuite persévérante peint le mieux, honore le plus son caractère. »

Aucune autre épigraphe, qu'il nous soit permis de le dire, ne pourrait plus justement s'appliquer à ce livre, en résumer l'esprit, que ces belles paroles de notre éminent confrère, le docteur Diday. Est-il, en effet, pour le médecin, tâche plus noble et plus méritoire que de chercher à écarter ce mal redoutable, ce poison caché, comme le ver dans le fruit, aux sources mêmes de la vie ? Aussi bien la prophylaxie des maladies vénériennes devrait-elle être et serait-elle en plus grand honneur parmi nous si, par malheur pour elle et pour les médecins qui en ont fait l'objet de sérieuses études, cette branche si intéressante de l'hygiène n'avait eu de tout temps et en tous lieux le fâcheux privilège d'attirer sur elle les regards et la griffe du charlatanisme. Quelle autre proie, en effet, pourrait-il espérer plus facile à prendre, plus docile et mieux disposée à se livrer à lui, que cette peur du mal doublée du désir de l'affronter, et survivant, plus forte encore, au désir satisfait ? Nous n'en finirions pas s'il nous fallait ici énumérer seulement tous les composés secrets, chimiques ou pharmaceutiques, teintures, mixtures, eaux de Vénus et autres cosmétiques du même genre, tour à tour offerts à la crédulité publique comme recettes infaillibles pour éviter le ver en savourant le fruit... Mais disons tout de suite, et bien haut, que la science médicale, malgré les plus louables efforts, n'a pu jusqu'à présent nous mettre en possession d'aucun moyen sur lequel nous puissions entièrement compter. *Rien, absolument rien, ne peut donner en cette matière une sécurité complète.*

Est-ce à dire cependant que l'homme soit totalement sans défense contre un danger qu'il affronte chaque jour, poussé par un instinct irrésistible ? Non, assurément, car si la science n'a pas encore trouvé de préservatif infaillible, elle a du moins tracé des règles, indiqué des précautions, dont l'expérience a prouvé l'efficacité, pour atténuer autant qu'il était possible les chances de contamination vénérienne. « La médecine, dit M. Diday, a dignement marqué sa place dans cette guerre qu'elle a engagée pour le bien public, au détriment de ses intérêts professionnels. Parent-Duchâtelet, Ricord, Vléminckx, Ratier, Vénot, Auzias-Turenne, Spérino, Melchior Robert, Rodet, Sandouville, Davila, Lagneau fils, Langlebert, chacun de ces noms rappelle un service ou un effort. »

Mais avant d'enseigner aux autres les précautions dont il convient de s'entourer dans toute aventure galante et périlleuse, peut-être ferions-nous bien de prendre nous-même quelques précautions... oratoires, en abordant un sujet rempli d'écueils, où la plume la plus sévère court à chaque instant le risque d'oublier le respect dû au lecteur français... Français ou non, que nos lecteurs se rassurent; car la science est toujours chaste, et nous ne voulons être ici que son humble interprète. Tout en donnant carrière à une certaine liberté d'esprit, que l'on ne saurait exclure d'un pareil sujet, nous couvrirons d'un voile demi-transparent tous les détails dont la crudité par trop technique pourrait offenser la pudeur ou le bon goût.

Une objection d'un autre ordre a été faite et souvent opposée par de prétendus moralistes aux auteurs qui ont voulu traiter ce même sujet. Est-il du devoir du médecin, leur disait-on, de chercher à prévenir un mal que le ciel a réservé comme la juste punition du libertinage? N'est-ce pas encourager le vice, exciter à la débauche, favoriser par l'appât de l'impunité le dérèglement des mœurs, etc., etc. ?... Le bon sens et la raison ont depuis bien longtemps fait justice de cette objection; nous n'avons donc plus à nous en préoccuper. Nous n'avons plus à craindre le triste sort de ce malheureux Guilbert de Préval, qui, pour avoir vanté un préservatif, dont il publiait généreusement la recette (mélange d'eau de chaux, d'alcool et de sublimé), se voyait, en 1772, en plein siècle de Voltaire, rayé de la liste des docteurs régents de la Faculté de médecine de Paris, et, pour comble d'humiliation, publiquement traité par la docte compagnie « d'homme sans mœurs et sans probité, de fripon et d'infâme. »

De quel poids pèserait aujourd'hui l'anathème dont Léon XII, il y a de cela cinquante ans à peine, frappait un des préservatifs les plus connus, comme entravant les décrets de la Providence « qui a voulu punir les créatures par où elles avaient péché »?... Maxime infaillible, il faut bien le croire, mais à laquelle cependant nous nous permettrons d'objecter humblement, et avec tout le respect dû à son infaillibilité, que le mal dont il s'agit va chercher ses victimes ailleurs que parmi ceux qui volontairement s'y exposent: un enfant l'apporte en naissant, une femme vertueuse le reçoit de son mari, une nourrice de son nourrisson, qui le transmet à ses propres enfants, etc., etc. Que penser dès lors d'une justice qui confondrait dans le même châtiment innocents et coupables?

Mieux inspiré, quoique non infaillible, était M. Ricord, quand il écrivait dans son *Traité de l'inoculation* (1838) que « le Créateur de toutes choses, qui a si généreusement placé l'instinct de conversation en opposition à tout ce qui peut attaquer notre existence, n'a pas voulu, sans doute, que le génie de l'homme, si fécond en ressources conservatrices, restât inactif et muet en face du plus grand des dangers, de celui qui menace sa vie dans tous ses instants et jusque dans sa source. » Répétons enfin avec Horne « qu'il faudra regarder comme le véritable bienfaiteur du monde, comme le conservateur de l'espèce la plus faible et la plus souvent sacrifiée, celui qui découvrira le véritable secret de nous préserver de la contagion la plus terrible qui ait jamais menacé l'humanité. »

La première et la plus urgente des conditions nécessaires pour se garantir d'un ennemi, est de le bien connaître, de savoir où il se cache, quels coups il peut porter. Étudions donc d'abord notre ennemi, le mal vénérien. Apprenons, pour les éviter, les causes qui le font naître, les diverses formes sous lesquelles il se présente au début.

Ces formes sont au nombre de trois principales : la *blennorrhagie*, le *chancre* et la *syphilis*.

I. Blennorrhagie. — On désigne sous ce nom une inflammation propre à certaines membranes muqueuses, pouvant se transmettre par contagion d'un individu à un autre, et dont le caractère essentiel est une sécrétion plus ou moins abondante de *muco-pus*, mélange de pus et de mucus, dans lequel le microscope a décelé la présence d'un germe spécial.

La muqueuse de l'urèthre, celle qui tapisse le gland et la face interne du prépuce sont, chez l'homme, les membranes les plus susceptibles d'être affectées de blennorrhagie. Chez la femme, les muqueuses vaginale et utérine, et aussi celle de l'urèthre, en sont le siège le plus habituel. Dans les deux sexes, la conjonctive, membrane muqueuse de l'œil et des paupières, peut en être également atteinte, et devenir ainsi la proie d'une des maladies les plus redoutables, mais heureusement assez rare, l'*ophthalmie blennorrhagique*. Nous ne nous occuperons ici que de la blennorrhagie de l'urèthre, qui est de beaucoup la plus commune, surtout chez l'homme, et qui seule mérite notre intérêt au point de vue de la prophylaxie, les moyens de s'en préserver s'appliquant tout aussi bien aux autres variétés de la même maladie.

La *blennorrhagie de l'urèthre*, ou blennorrhagie proprement dite, que l'on désigne encore sous les noms de *gonorrhée*, *chaudepisse*, *coulante*, *écoulement*, *échauffement*, est caractérisée par l'écoulement hors du canal d'une matière purulente, plus ou moins épaisse, jaune ou verdâtre, et par une cuisson plus ou moins vive en urinant (chaudepisse). Quand la blennorrhagie devient chronique, elle prend le nom de *blennorrhée*, vulgairement *suintement* ou *goutte militaire*.

La cause la plus puissante de la blennorrhagie uréthrale chez l'homme est évidemment la contagion, c'est-à-dire le contact d'une femme affectée elle-même de blennorrhagie. Mais cette cause n'est pas la plus fréquente. Presque tous les médecins sont aujourd'hui d'accord pour reconnaître que la cause la plus ordinaire de cette maladie réside dans l'abus des plaisirs sexuels, avec des femmes atteintes de catarrhe utérin, affection si commune dans les grandes villes, et surtout à Paris, où tant de circonstances favorisent la production de cet écoulement muqueux, connu sous le nom de *leucorrhée*, *flueurs*, ou, plus galamment, *fleurs blanches*. C'est donc à tort qu'un proverbe a dit que « la plus jolie fille du monde ne peut donner que ce qu'elle a. » Ce proverbe est faux et cache un piège; ne vous y fiez pas. Beaucoup d'hommes prennent la blennorrhagie auprès de jolies filles qui ne l'ont point.

Faut-il dire cependant que tout écoulement leucorrhéique soit capable, à lui seul, d'engendrer la blennorrhagie chez l'homme? Ce serait aller trop loin. Pour que pareil effet se produise, il faut généralement y ajouter l'intervention d'une violente excitation, de rapports trop multipliés ou volontairement prolongés, sous l'influence desquels cet écoulement, ordinairement muqueux, peut devenir purulent et acquérir une âcreté suffisante pour enflammer l'urèthre. Nous n'en voulons pour preuve que ce fait bien connu d'un individu prenant ou, pour mieux dire, *se donnant* une blennorrhagie avec une femme dont le mari ou l'amant habituel est en parfaite santé.

Citons encore, comme causes de la blennorrhagie chez l'homme, le sang menstruel, les lochies succédant à la parturition et, en général, tous les écoulements naturels ou morbides, ayant leur source dans l'utérus et ses annexes. Mais le coït seul, trop fréquemment répété avec une femme parfaitement saine, suffit, dans certaines circonstances, pour enflammer l'urèthre. Cette cause a été pour la première fois indiquée par Hippocrate. Thierry de Héry, dans un livre que l'oubli a respecté (1552), l'a également signalée : « Comme il advient, dit-il, à plusieurs excessifs et immodérés en la compagnie de leur femme *bien nette*, lesquels par leur intempérance et par leur fréquent et violent coït, sont cause qu'il se faict une inflammation esdictes parties. » Les blennorrhagies succédant parfois aux premiers rapports conjugaux n'ont généralement pas d'autre cause.

La masturbation, l'introduction et le séjour prolongé d'une sonde ou d'une bougie dans l'urèthre, certaines injections caustiques, en un mot, tous les irritants locaux, doivent encore être classés parmi les causes de la blennorrhagie chez l'homme. Nous en dirons autant de la présence d'une pierre dans la vessie, de la gravelle, de certaines boissons, particulièrement de la bière ou du vin blanc en excès. Rappelons enfin l'abus des cantharides, que prennent certains individus, dans l'espoir de rendre un semblant de virilité à des organes usés par l'âge ou par la débauche, et qui, le plus souvent, n'en retirent que le dégoût d'eux-mêmes et une inflammation des parties profondes de l'urèthre.

Telles sont les causes occasionnelles de la blennorrhagie chez l'homme. Par leur nombre et leur variété, elle n'expliquent que trop bien l'extrême fréquence de cette maladie, fréquence telle, qu'un de nos premiers maîtres, le célèbre Lisfranc, a pu dire sans forcer la vérité, que « sur cent individus, il y en a au moins quatre-vingts qui l'ont eue, qui l'ont ou qui l'auront. » Le progrès de la civilisation a depuis lors plutôt accru que diminué cette proportion.

II. Chancre. — Le chancre est un ulcère virulent, ayant pour siège ordinaire les organes sexuels, mais pouvant aussi naître et se développer sur tous les autres points de la surface du corps, cutanés ou muqueux.

Contrairement à la blennorrhagie qui peut se

produire sous l'influence d'une foule de causes étrangères à la contagion proprement dite, le chancre n'en reconnaît qu'une seule : l'inoculation d'un principe ou poison morbide, d'un *virus* spécial, *sui generis*, produit du chancre lui-même ou des lésions qui en dérivent..

Le chancre, dans certains cas, peut parcourir toutes ses phases, se cicatriser et disparaître sans infecter l'économie. Accident purement local, il n'exerce alors aucune influence, aucun rayonnement morbide sur l'ensemble de l'économie. Son action peut bien s'étendre aux ganglions voisins, qu'il enflamme parfois de manière à produire le *bubon*, mais elle ne va pas au delà. Quand il a disparu, tout est fini, et l'individu qui le portait reste dans les conditions ordinaires de santé où il se trouvait avant de le contracter. Dans d'autres circonstances, au contraire, le chancre devient le point de départ d'un empoisonnement général, d'une maladie constitutionnelle, la *syphilis*, dont il n'est alors que le premier symptôme.

De là deux espèces ou variétés de chancre : le *chancre simple* et le *chancre infectant*.

Nous n'avons point à examiner ici si ces deux

chancres sont d'essence différente ou identique. Qu'il nous suffise de savoir que le chancre simple naît ordinairement du chancre simple, tandis que le chancre infectant procède le plus souvent d'un chancre de même ordre, ou, comme nous l'avons le premier reconnu et démontré, de certaines autres lésions de nature syphilitique, particulièrement de la plaque muqueuse, qui en est la source la plus commune.

III. Syphilis. — La syphilis, ou *vérole*, est une maladie générale, constitutionnelle, *totius substantiæ*, une *diathèse*, comme on dit encore dans le langage médical. Elle est le résultat fatal de la diffusion du virus syphilitique dans toutes les parties de l'organisme. Son point de départ, son premier symptôme est le chancre infectant. Point de vérole sans chancre ! Le chancre est l'antécédent, on pour mieux dire, le phénomène initial, nécessaire, de toute syphilis. Qu'on examine avec soin tout individu actuellement en proie aux manifestations d'une syphilis récente, et l'on trouvera toujours sur lui, sur ses organes sexuels ou ailleurs, soit le chancre lui-même encore existant, soit les vestiges qu'il a laissés.

Cependant, un laps de temps plus ou moins long, plusieurs semaines, deux, trois, quatre mois peuvent s'écouler après le chancre, sans que le virus manifeste autrement sa présence dans l'économie. Aucun autre signe ne vient en révéler l'existence ; il subit alors une véritable *incubation*. Est-ce à dire que pendant tout ce temps il sommeille, complètement inactif, dans l'organisme? Assurément non. Calme à la surface, il s'agite au dedans. Il se répand, se multiplie dans la masse du sang, dont il altère peu à peu la composition : témoin cet affaiblissement du système musculaire, cette lassitude générale, ces douleurs vagues, nocturnes, qui, chez la plupart des malades, chez la femme surtout, sont comme le prélude des accidents qui bientôt vont éclater, pour se succéder ensuite à des intervalles plus ou moins éloignés, peut être, hélas! pendant toute la durée de l'existence.

Chose remarquable, ces accidents si nombreux, si variés, si capricieux dans leurs formes, qu'ils ont fait comparer la vérole à un nouveau Protée, vont suivre dans leur succession une marche essentiellement régulière. C'est d'abord à la surface du corps qu'ils vont se manifester.

La peau et ses annexes, cheveux, poils et ongles, les membranes muqueuses, le globe oculaire, seront les premiers atteints; ils seront le premier théâtre sur lequel va se produire la diathèse. Puis, après avoir, pendant un certain temps, promené ses ravages à la périphérie du corps, la syphilis, marchant de la circonférence au centre (expression métaphorique mais juste), attaquera les tissus sous-jacents. Aucun système ne sera à l'abri de ses coups. Le tissu cellulaire, le tissu fibreux, le périoste, les os, les muscles et jusqu'aux viscères les plus essentiels à la vie, le cerveau, le cœur, le foie, les poumons, etc., pourront devenir successiment le siège de lésions toujours graves, quelquefois mortelles.

Tel est le long et redoutable programme de la syphilis, programme en trois parties : *accident primitif* (le chancre); *accidents secondaires* (lésions superficielles de la peau et des muqueuses); *accidents tertiaires* (lésions des tissus et organes profonds).

Mais, hâtons-nous de dire qu'il est rare, très rare, qu'elle le remplisse entièrement. Dans la plupart des cas, la maladie, enrayée dans sa marche par le traitement, ou trouvant dans la résistance de l'organisme un obstacle à son libre cours, se borne à ses premiers symptômes, à ceux qui ont pour siège la superficie de la peau et des muqueuses. Après un an, quinze mois, deux ans au plus, elle disparaît pour toujours. Vérité consolante, que je ne crains pas, malgré le préjugé contraire, d'affirmer hautement, pour en avoir été mille fois témoin dans ma pratique. Oui, la vérole guérit, et guérit, dans l'immense majorité des cas, quand elle est prise à temps et bien traitée, quand le malade sait joindre au choix d'un médecin expérimenté la docilité et la persévérance nécessaires à la réussite du traitement.

Nous nous bornerons à cet exposé sommaire des maladies qui peuvent être le résultat direct et immédiat de rapports impurs, ne voulant pas faire ici un de ces traités de médecine, comme il y en a trop, à l'usage des gens du monde. Apprendre la médecine à des gens dépourvus de toute notion d'anatomie et de physiologie! Autant vaudrait enseigner l'astronomie à des gens ne sachant pas le premier mot du calcul mathématique. Ajoutons que de pareils livres, toujours inutiles, sont le plus souvent nuisibles. La plupart, en effet, sous le prétexte d'offrir aux malades un soulagement à leurs maux, n'ont d'autre but, il faut bien le dire, que de frapper leur imagination, et de les amener ainsi, vaincus par la peur, au degré voulu d'hypochondrie pour en faire la chose et les victimes du charlatanisme, qui les y guette à chaque page.

DEUXIÈME LETTRE

PROPHYLAXIE DE LA BLENNORRHAGIE.

La cause la plus efficace, la plus puissante, avons-nous dit, de la blennorrhagie uréthrale chez l'homme est la contagion. Donc, s'il était possible, par un examen préparatoire, de s'assurer d'avance, *ante nuptias*, de la présence de cette maladie chez la femme, nous aurions, dans ce cas particulier, un moyen sûr de l'éviter : ce serait, comme aurait dit ce bon M. de la Palisse, de remettre la partie à des temps meilleurs... Mais, comment se livrer à un pareil examen, supposé qu'on en soit capable, au moment où le cœur bat, où la main tremble, où l'œil se voile dans l'extase du désir ? Oserait-on d'ailleurs le proposer, demander à visiter l'autel avant le sacrifice, risquer ainsi d'offenser la divinité à qui on vient l'offrir?

Un moyen bien connu, plus discret et plus pratique, est ce léger vêtement, d'origine anglaise, le *condom*, inventé vers le milieu du dernier siècle par un médecin de Londres, qui lui laissa son nom. Mais quel fragile abri! « Cuirasse contre le plaisir, toile d'araignée contre le danger », a dit de lui une femme célèbre. Et, en effet, rien de moins sûr que ce vêtement. Comme le condensateur électrique, il cache le péril bien plus qu'il n'en protège. Si la fine baudruche ou la mince enveloppe de caoutchouc dont il est formé, sont d'assez bonne qualité pour résister à la lutte, comment empêcher qu'il ne se plisse sur lui-même, ne se déplace, et nous laisse alors complètement à découvert contre un danger que, sans son aide, sans l'appât d'une sécurité trompeuse, on eût sûrement évité en ne s'y exposant point? Pour toutes ces raisons, et d'autres encore que la bienséance nous invite à passer sous silence, je condamne sans hésiter l'emploi de ce préservatif, plus propre à provoquer le dégoût qu'à inspirer le désir d'une fonction dont il supprime à la fois le but et le principal attrait. Laissons donc ce triste vêtement aux timides et froids sectateurs de Malthus!

Mais que faire, me direz-vous? Par quel moyen échapper à la contagion blennorrhagique, si le mauvais sort nous y conduit? Il en est un cependant, bien simple, bien facile et que l'on trouve partout; qui est toujours là, sous la main, toujours prêt à nous rendre le service demandé. Ce moyen, ce préservatif sans égal, vous l'avez deviné sans doute; c'est... l'eau pure ou, pour les délicats, additionnée de quelques gouttes d'eau de Cologne, de menthe, ou de tout autre liquide aromatique. Là est tout le secret de la prophylaxie en question. Soyez certain que la blennorrhagie deviendrait, chez l'homme, aussi rare qu'elle est commune, si le cabinet de toilette était toujours, pour madame, le chemin obligé de l'alcôve, si toutes les femmes, filles de rue ou duchesses, se faisaient un devoir de ne s'offrir au congrès qu'après de salutaires ablutions ayant fait place nette, *intus et extra*... Vénus sortant de l'onde!

Malheureusement, cette précaution si simple, si facile, est le plus souvent négligée ou n'est prise qu'à demi, pour sauver les apparences. C'est à vous de l'exiger, d'*oser* la demander, si elle ne se présente d'elle-même. Mais là est le côté difficile, le point délicat de la situation, et c'est pourquoi nous soulignons le mot. Soit par amour-propre, soit par un sentiment de galanterie, dont il n'est que trop souvent la dupe, l'homme ose et se fait gloire d'oser tout ce qu'il faut pour attraper le mal, tandis qu'il a honte de tout ce qu'il faudrait faire pour l'éviter. « Un vieux reste de sentiment chevaleresque, dit M. Diday, préside encore aux relations les plus vénales. Le respect humain vous retient, même dans les lieux de tous les moins respectables. Triple Prudhomme, il vous semble incongru, malséant, peu français, d'afficher *devant une dame* une défiance dont sa pudeur va rougir et sa fierté s'offenser !!!... C'est ainsi, mon ami, qu'on fait son chemin auprès du sexe... et des apothicaires. »

Nous avons vu plus haut, dans l'énumération des diverses conditions étiologiques de la blennorrhagie chez l'homme, que si la contagion est son plus puissant agent de transmission, il s'en faut de beaucoup qu'elle en soit la cause la plus commune. Le plus fréquemment, en effet, *les femmes donnent la blennorrhagie sans l'avoir.* « L'amant, sur le point de triompher, c'est encore M. Diday qui parle, doit d'abord se pénétrer de ce principe, qu'il n'est pas une femme qui ne puisse lui donner la chaudepisse. J'ai dit *pas une femme* et non *pas une fille publique,* car je n'excepte de cet incivil axiome aucun membre du sexe aimable. Quelles que soient les conditions de propreté, de santé apparente, de vertu présumée, de vertu réelle, de virginité même, de visite récente, la femme qui se livre peut avoir des pertes blanches, venant d'une origine quelconque, souvent très innocente, de chlorose, de simple catarrhe, de suites de couches, comme aussi de la cause répréhensible, d'une blennorrhagie à elle transmise. Or, par cela seul qu'elle a un écoulement quelconque, elle est apte à transmettre un écoulement! » Ajoutons que cet écoulement quelconque n'est même pas nécessaire. Que de fois, dans ma pratique, j'ai rencontré chez l'homme des blennorrhagies offrant tous les symptômes de l'état aigu, écoulement épais et abondant, rougeur et gonflement du méat uréthral, douleur vive en urinant, etc., et dont j'ai vainement cherché la cause sur les personnes accusées de les avoir transmises !

Mais rappelons ici, en y insistant, une distinction que nous avons précédemment établie.

Quand il s'agit de la contagion blennorrhagique, le plus léger contact suffit pour en assurer l'effet. L'orgasme érotique n'en est même pas la condition nécessaire ; il n'en est que l'adjuvant. J'ai vu, en effet, des blennorrhagies contractées par des individus qui, faute de la puissance voulue, avaient dû se contenter d'un vain simulacre de rapprochement. L'expérience a de plus prouvé que le simple dépôt de la matière contagieuse, portée dans l'urèthre au moyen d'une sonde ou autrement, peut également transmettre la maladie. « Je ne doute pas, dit Swédiaur, qu'en allant au cabinet après un homme affecté de cette maladie, on ne s'expose à la gagner par le simple attouchement ou frottement du bout de la verge contre les parois. »

Tout autres sont les conditions à remplir pour contracter la blennorhagie avec une femme qui ne l'a pas. M. Ricord en a plaisamment donné la recette suivante que nous reproduirons ici, moins pour égayer nos lecteurs, que pour en tirer de salutaires préceptes.

« Voulez-vous, dit-il, attraper la chaudepisse? En voici les moyens : prenez une femme lymphatique, pâle, blonde plutôt que brune, aussi fortement leucorrhéique que vous pourrez la rencontrer. Dînez de compagnie, débutez par des huîtres et continuez par des asperges ; buvez sec et beaucoup, vin blanc, champagne, café, liqueurs, tout cela est bon ; dansez à la suite de votre repas et faites danser votre compagne ; échauffez-vous bien et ingérez force bière dans la soirée. La nuit venue, conduisez-vous vaillamment : deux ou trois rapports ne sont pas de trop, et mieux vaut davantage. Au réveil, n'oubliez pas de prendre un bain chaud et prolongé ; ne négligez pas non plus de faire une injection. Ce programme rempli consciencieusement, si vous n'avez pas la chaudepisse, c'est qu'un Dieu vous protège. »

Modérer ses désirs doit donc être ici, comme en toutes choses, la première loi de l'hygiène. Faites-vous également une loi de l'abstinence après de trop fortes libations. Il est dur, sans doute, mais il est prudent de quitter Vénus après le festin. L'ivresse alcoolique, lorsqu'elle ne s'oppose point aux rapports sexuels, leur donne un caractère de violence et d'acharnement toujours nuisible.

Consultez aussi votre calendrier et, quelle que soit votre foi, observez fidèlement la loi de Moïse, inscrite au chapitre xv du *Lévitique :* « La femme qui souffre ce qui, dans l'ordre de la nature, arrive chaque mois, sera séparée de son époux. »

Enfin, après avoir satisfait aux exigences de l'instinct, gardez-vous de céder trop tôt à cette torpeur somnolente qui succède au combat. Point de paresse ! Sans retard, mettez en pratique le salutaire aphorisme des docteurs de Salerne, ces maîtres de l'hygiène : *Post coitum si mingas, apte servabis urethras*. Uriner le plus tôt possible est, en effet, le meilleur moyen de purger le canal des impuretés qui auraient pu s'y introduire. Ensuite, et par surcroît de précaution, dirigez dans le bout de l'urèthre, encore entr'ouvert par un reste d'érection, un mince filet d'eau pure ou légèrement aromatisée, que vous laisserez tomber d'une certaine hauteur pour en faciliter l'introduction. Ce petit procédé hydrothérapique, que nous avons depuis longtemps indiqué, remplacera, avec l'avantage d'être plus pratique, l'injection préventive que quelques auteurs, entre autres, M. Diday, ont proposée, sans songer à la difficulté, le plus souvent même à l'impossibilité d'y avoir recours en un pareil moment.

Telles sont les précautions à prendre contre la blennorrhagie. Voyons maintenant ce qu'il faut faire pour nous préserver des accidents bien autrement redoutables qui peuvent être également le prix d'un commerce impur : le chancre et la syphilis.

TROISIÈME LETTRE

PROPHYLAXIE DU CHANCRE ET DE LA SYPHILIS.

Le chancre et la syphilis ont pour cause unique et nécessaire, avons-nous dit, un principe ou agent morbifique spécial, *sui generis*, nommé *virus vénérien* ou *syphilitique*. Ce virus ne s'engendre pas spontanément. Il est constamment et invariablement le produit de la maladie elle-même dont il est la cause. Il est fixe, non volatil ; il ne peut, par conséquent, se répandre dans l'air, ni se propager à distance, à la manière des miasmes ou autres agents producteurs des maladies épidémiques.

Quand nous voyons sur pied un épi de blé, nous savons qu'un grain de blé a été semé au lieu même où sa tige a pris racine. Ainsi, quand

3.

nous voyons un malade ayant un chancre ou la syphilis, contractés dans un rapport sexuel, nous pouvons, avec la même certitude, affirmer que la femme dont il les tient avait elle-même, au moment du contact, un chancre ou la syphilis, ou tout au moins que ses organes recélaient le virus fraîchement déposé par un précédent adorateur.

D'où provient ce virus ? Est-il contemporain de l'homme sur la terre? Est-il de création moderne ? En quel point du globe a-t-il pris naissance? Vient-il, comme on l'a dit récemment, de l'Asie orientale, de l'Empire chinois, cette terre classique de toutes les inventions dont l'origine se perd dans la nuit des temps? Serait-ce, comme on l'a dit encore, un présent offert par le nouveau à l'ancien continent, rapporté en Europe par les matelots de Christophe Colomb ?... Autant de questions insolubles, sur lesquelles s'est en vain épuisée la patience des érudits. Le seul fait qui paraisse certain, c'est que le virus syphilitique n'existait pas chez les peuples civilisés de l'antiquité. Ni les Juifs, ni les Grecs, ni les Romains ne l'ont connu, ou, du moins, rien dans les écrits qu'ils nous ont laissés n'autorise à penser que la syphilis exerçait sur eux ses ravages. Les prétendues douleurs ostéocopes du roi David, la couronne de Vénus qui, dit-on, ornait le front de Tibère, sont autant de fictions, plus propres à exciter le rire qu'à porter la conviction dans les esprits sérieux. Ce qui nous semble donc le plus probable, c'est que si le virus syphilitique est d'origine ancienne, son apparition en Europe ne remonte qu'à une date relativement récente, que la plupart des historiens ont fixée à la fin du XVe siècle, en 1594, époque des guerres de Charles VIII en Italie. Mais revenons à l'étude de ses propriétés.

Ce virus est fixe, avons nous dit, et ne peut, par conséquent, se propager à distance; c'est donc toujours sous forme palpable et par contact immédiat que se communiquent le chancre et la syphilis. *Contagiosus morbus*, disait Fernel, *non sponte, intimoque corporis vitio, sed* attactu solo *contrahendus.* Et encore est-il nécessaire que la surface, muqueuse ou cutanée, qui subit le contact de la matière virulente, soit dépouillée de son épiderme. C'est toujours ouvertement ou par *effraction* que la syphilis s'introduit dans l'organisme. L'acte sexuel, favorable, sans doute, à sa transmission ne lui est pas indispensable. Une foule d'objets, tels qu'un verre, une pipe, une cuiller, une éponge, des draps de lit, des vêtements communs, etc., sur lesquels du virus aurait été accidentellement déposé, peuvent servir d'intermédiaire à la contagion. D'où il suit qu'il faut se méfier, non seulement des malades eux-mêmes, mais encore de tous les objets qui les entourent. Ajoutons enfin que le virus syphilitique n'a pu jusqu'à présent être matériellement isolé des produits qui le renferment. En réalité, il n'est autre que ces produits eux-mêmes, élaborés soit par le chancre, soit par les lésions secondaires, plaques muqueuses, ulcères, etc., y compris le sang, qui, chez un individu récemment infecté, recèle également le germe, le microbe nécessaire à la transmission de la maladie.

Nous avons vu plus haut que le seul moyen d'éviter sûrement la contagion blennorrhagique serait d'en découvrir, *ante nuptias*, la source impure, afin de pouvoir s'en écarter à temps. La même remarque s'applique au chancre et à la syphilis, mais avec cette différence qu'elle peut ici nous conduire à un résultat pratique.

Car s'il n'est pas possible, sans un examen direct et minutieux, toujours blessant pour la personne qui en serait l'objet, de constater la présence d'une blennorrhagie, divers signes extérieurs, faciles à reconnaître au toucher ou à la vue, peuvent, dans beaucoup de cas, nous dévoiler à temps la présence du chancre et de la syphilis, de cette dernière surtout, et cela sans nous exposer à éveiller le moindre soupçon d'une méfiance qui pourrait être prise pour une injure. Quelle que soit la couche sociale d'où sort la femme qui se livre, n'oubliez donc jamais, puisque vous pouvez décemment le faire, de vous assurer d'abord de son état de santé. Profitez des moindres indices qui peuvent vous avertir à temps du danger.

. . . .

Une des particularités les plus curieuses de la syphilis est sa coexistence possible avec tous les attributs d'une santé générale parfaite. Quel est le médecin qui, bien souvent, n'a pas été surpris de voir des individus, des jeunes gens, il est vrai, jouir d'une excellente santé, alors qu'ils étaient en pleine vérole? Rien dans leur physionomie, ni dans l'exercice de leurs fonctions organiques, qui pût faire supposer chez eux l'existence de cette maladie ! Et cela se voit tous les jours, surtout chez les individus qu'une âme bien trempée ou, ce qui est plus commun chez la femme, qu'un caractère léger, insouciant, protège contre tout abattement moral. Ne vous fiez donc point aux apparences. Sous le masque rassurant d'un frais visage, derrière des lèvres roses et souriantes qui attirent les vôtres, il se peut que la syphilis distille son venin !

Les agents principaux de la contagion syphilitique sont : l'accident primitif, c'est-à-dire le *chancre* dit infectant, et l'accident secondaire connu sous le nom de *plaque muqueuse*, élevure aplatie, de forme ronde, ovale ou annulaire, à surface grisâtre, quelquefois lisse, le plus souvent légèrement ulcérée.

Le chancre n'a qu'une durée limitée : quand il est cicatrisé, quand l'induration qui l'entourait s'est elle-même effacée, rien n'est plus à craindre de son côté ; tout danger de sa part a disparu en même temps que lui. Bien plus redoutable est la plaque muqueuse. Par la facilité avec laquelle elle se reproduit tant que persiste la diathèse syphilitique, dont elle est le symptôme le plus général et le plus constant, par la multiplicité des régions qu'elle peut occuper, la plaque muqueuse est, sans contredit, la source la plus féconde de l'infection syphilitique.

Qui croirait aujourd'hui qu'il fut un temps, encore près de nous, où, sous le couvert de la science et par la voix d'un maître, M. Ricord, qui avait, heureusement pour lui, d'autres titres à la renommée, ce foyer de virulence, ce laboratoire où s'alimente et s'élabore sans cesse le poison vénérien, était considéré et hautement proclamé comme absolument inoffensif!... Ce temps n'est plus ; la vérité a repris ses droits et a vengé l'hygiène de la plus grave offense qu'elle ait jamais reçue. Et à ce propos, qu'il nous soit permis de rappeler ici que nous fûmes alors le premier, au milieu du concert de louanges et d'adulations qui soutenaient et entretenaient le maître dans son erreur, à pousser le cri d'alarme, à signaler cet immense danger et à l'écarter définitivement, en démontrant, preuves en main, et le mode de transmission jusqu'alors inconnu de la plaque muqueuse, et son rôle prépondérant dans l'étiologie de la syphilis.

Beaucoup de gens, dans leur ignorance des us et coutumes de la vérole, s'imaginent encore se mettre à l'abri de ses coups en trompant leur instinct, en évitant les chemins battus. Erreur funeste, qui chaque jour livre au monstre de nouvelles victimes! Sachez-le bien : la plaque muqueuse est partout la même ; partout elle est investie du même pouvoir d'engendrer le mal. Les plaques des lèvres, de la langue, de la gorge, ne sont pas moins dangereuses que celles qui siègent en d'autres lieux. La vérité est qu'elles sont plus dangereuses, leur place à ciel ouvert et le peu de défiance qu'elles inspirent rendant leur accès plus facile. Que de gens l'ont appris à leurs dépens, qui croyaient se soustraire au péril en allant à Lesbos ! Ce lointain voyage n'est même pas nécessaire, témoin le fait suivant.

Observation. — Un jeune homme, il y a de cela trois ou quatre ans, était en soirée chez des amis, où, parmi les invités, se trouvait une dame qui y attendait son mari. Celui-ci, membre assidu d'un cercle où l'on jouait gros jeu, y avait complètement oublié sa femme. La soirée finie, point de mari ! Notre jeune homme, en galant cavalier qu'il était, s'offre alors pour reconduire la dame, ce qui est accepté. On prend une voiture, et, chemin faisant, un baiser, un seul, dit-on, est échangé... Une femme a toujours une vengeance prête, a dit Molière. Mais la vengeance, cette fois, fut pour le mari. Car trois semaines après, — le temps voulu pour l'incubation, — notre galant venait, tout éperdu, nous montrer sa lèvre inférieure sur laquelle s'épanouissait un chancre naissant. Je demandai à visiter la dame, qui s'y prêta de bonne grâce, et me fit voir en dedans de ses lèvres plusieurs petites plaques grisâtres et ulcérées, dont elle ignorait, me dit-elle, complètement la nature, ce qui pouvait être vrai.

La morale de ceci, c'est qu'on peut prendre la vérole partout et par toutes les voies, et que pour nous, simples mortels, il est toujours prudent de n'approcher nos lèvres de la coupe d'Hébé, qu'après un regard explorateur jeté sur ses bords et au delà, aussi loin que le permettront le temps, le lieu et les convenances.

QUATRIÈME LETTRE

PROPHYLAXIE DE LA SYPHILIS (SUITE).

De tous les signes accusateurs de la vérole, le meilleur, le plus précieux, à notre point de vue, tant par sa fréquence que par la facilité de son diagnostic, est l'*engorgement plastique des ganglions cervicaux*. Que cet engorgement soit un effet direct de la diathèse, ou qu'il ne soit qu'un symptôme consécutif à quelque lésion spéciale du cuir chevelu, peu nous importe en ce moment. L'essentiel, pour nous, est de le bien connaître et de savoir, à temps, en constater la présence. Or, rien de plus simple, de plus facile à faire et à dissimuler que cette exploration. Il suffit pour cela de promener légèrement les doigts, en guise de caresse, sur les parties latérales du cou, derrière les oreilles, vers la racine des cheveux... Et alors, si vous y rencontrez un ou plusieurs ganglions, formant sous la peau autant de petites bosses rondes, dures et indolentes,

O pueri, fugite hinc... latet anguis in herba!

Faites-vous donc une loi, dans tout congrès plus ou moins suspect, de ne jamais entrer en matière qu'après avoir préparé votre exorde par une étude minutieuse des côtés saillants du sujet. Bien des gens ont dû leur salut à cette simple précaution. En voici un exemple :

Observation I. — Par un beau soir d'août 1867, un de mes amis, étudiant en médecine, rentrant chez lui vers minuit, rencontrait sur un des trottoirs du vieux quartier latin une jeune fille tout éplorée. Une sœur dénaturée venait, lui dit-elle, de la mettre à la porte, et elle ne savait où passer la nuit.... Mon ami, touché de son infortune, lui offre l'hospitalité, une hospitalité toute écossaise, sans conditions. La jeune fille lui prend aussitôt le bras et se laisse conduire chez lui. Elle était jolie. A tout hasard, mon ami, qui peut-être regrettait déjà sa promesse désintéressée, et craignait sans doute de ne pouvoir soutenir jusqu'au bout son rôle d'Écossais, l'attire vers lui sous le prétexte de l'embrasser au front, mais en réalité pour explorer à son aise et à l'insu de sa protégée les susdits ganglions cervicaux... Deux petites bosses, se dessinant sous ses doigts fiévreux, lui rappelèrent aussitôt la fable du villageois et du serpent. Mais mieux avisé que notre villageois, mon ami se garda bien de réchauffer le serpent, et le laissa dormir seul et en paix toute la nuit. Et bien lui en prit; car deux jours après, la jeune fille entrait à l'hôpital pour des plaques syphilitiques, dont il eût certainement retiré le prix d'une hospitalité moins écossaise.

La syphilis constitutionnelle, si fidèle qu'elle soit à son programme, est loin cependant, nous l'avons dit, de le remplir toujours, et strictement, dans son ensemble. Comme toutes les autres maladies, elle varie suivant les individus, suivant leur tempérament, leur constitution, leurs habitudes, etc. Tel symptôme qu'elle produit chez l'un, fait défaut chez un autre. Ainsi peut manquer et manque même assez souvent l'engorgement plastique des ganglions cervicaux. Ce symptôme n'a donc de valeur réelle, pour le diagnostic, que par sa présence; son absence ne prouve rien. Il faut alors chercher ailleurs vos éléments d'information.

Explorez du regard le front, les ailes du nez, le menton, le cou, le devant de la poitrine, la paume des mains. En ces lieux, peut se montrer à découvert l'ennemi redouté : sur le front,

4.

la couronne de Vénus; sur les ailes du nez, dans le sillon qui les sépare des joues, de petites granulations de couleur jaunâtre; sur le menton, autour du cou, sur la poitrine, des taches rosées ou de couleur fauve, disposées en cercles, en anneaux, ou dessinant une marbrure de triste aspect; dans la paume des mains, des papules lenticulaires ou des taches arrondies d'un rouge cuivre ou violacé, lisses ou recouvertes d'écailles grisâtres et de consistance cornée. Les cheveux eux-mêmes peuvent utilement vous renseigner: ternes, secs, privés de leur souplesse et comme pulvérulents, ils ressemblent à des cheveux morts! Autant de symptômes, ai-je besoin de le dire? qui devront immédiatement vous engager à une retraite prudente, la retraite avant le combat.

N'ayant à m'occuper ici que des signes extérieurs à l'aide desquels, sans être médecin, et sans autres instruments que l'œil ou le doigt, on peut facilement diagnostiquer la syphilis, je passe sous silence d'autres symptômes, plus discrets, amis de l'ombre, situés en des régions que le regard offense autant qu'il en est luimême offensé, et où il ne pourrait d'ailleurs pénétrer qu'au moyen du *spéculum*, dont la vue seule, *ante nuptias*, suffirait, si réaliste et si peu dégoûté que l'on fût, pour en rendre aussitôt l'office inutile. Ces symptômes, il est vrai, accompagnent généralement les premiers ; mais ils peuvent se produire isolément. Ce qui vient ici confirmer la règle que nous avons précédemment posée, savoir, que « rien, absolument rien, en cette matière, ne peut donner une sécurité complète ».

Je suis de ceux qui croient à la guérison de la vérole. Je suis entièrement convaincu que, dans la grande majorité des cas, la maladie syphilitique s'épuise et disparaît de l'organisme, soit sous l'influence du traitement, soit peut-être aussi, chez quelques individus heureusement constitués, par l'effet naturel et spontané de ce qu'on a appelé la force médicatrice de l'économie. Mais à quel moment s'effectue cette guérison, je parle de la guérison complète, à l'abri de toute récidive? Comment et à quels signes peut-on la reconnaître? C'est là ce que nous ignorons, et personne, plus que nous, dans l'état actuel de la science, ne saurait le dire. Or, de cette ignorance dans laquelle nous sommes, où probablement nous resterons toujours, naît précisément le danger, facile à prévoir et toujours imminent, de toute cohabitation suivie avec une personne qui a eu récemment la vérole.

Ainsi, une femme, je suppose, a contracté un chancre infectant. Elle a eu à la suite une roséole, des plaques muqueuses, en un mot, la série classique des symptômes secondaires de la syphilis. Ces symptômes ont disparu ; la voilà, actuellement du moins, délivrée de toute souillure vénérienne... Grande serait cependant l'erreur de celui qui croirait pouvoir impunément s'engager aussitôt avec cette femme dans des relations de longue durée. Car, si la maladie a cessé d'être visible à la surface, la diathèse est encore là, ne l'oubliez pas, qui a profondément modifié l'organisme, et qui bientôt, demain peut-être, si l'infection ne remonte pas à une époque lointaine, pourra, *devra* même reproduire de nouveaux accidents [1].

Il y a plus : c'est qu'une femme en puissance de vérole peut, sans aucun symptôme apparent, communiquer au moins une fois par mois sa

1. Voyez mon *Traité de la syphilis dans ses rapports avec le mariage*, p. 140 et suiv.

maladie, puisque le sang des syphilitiques est contagieux, ainsi que l'ont si bien démontré les expériences de Waller (de Prague), celles du professeur P. Pellizzari, et de son digne et courageux élève le docteur Bargioni (de Florence). Donc, si dans tous les cas, l'hygiène conseille de s'abstenir pendant l'époque menstruelle, à plus forte raison sera-t-il prudent d'obéir à ce précepte, lorsqu'on aura quelque motif de soupçonner la présence de la diathèse syphilitique.

Mais, nous demandera-t-on, par quel moyen conjurer le danger, sans cesse renaissant, de rapports intimes et journaliers, avec une femme entachée de syphilis latente? Je n'en connais qu'un seul: la séparation de corps... L'hygiène, il faut bien l'avouer, est ici sans défense, et grand est le nombre de ceux qui, chaque jour, en deviennent les victimes. Je pourrais en rapporter beaucoup d'exemples tirés de ma pratique. Un seul suffira, tous ayant le même type, et ne différant entre eux que par les accessoires.

Observation II. — Un jeune homme, étudiant en droit, vint un jour me consulter pour une petite ulcération qu'il portait, depuis environ trois semaines, sur le côté gauche de la couronne du gland, et dont la persistance commençait à l'inquiéter, bien qu'il la considérât encore comme une simple écorchure.

— Monsieur, lui dis-je, cette écorchure-là est bel et bien un chancre, et, qui plus est, un chancre infectant.

— Impossible, docteur, impossible, vous vous trompez! La femme qui me l'aurait donné vit avec moi depuis près d'un an. Je me l'étais attachée, en qualité de lectrice, pour m'aider à préparer ma licence, et telle a été depuis notre assiduité dans ce genre de collaboration, qu'il lui eût été absolument impossible, l'eût-elle voulu, d'aller prendre ailleurs le virus qu'elle m'aurait, selon vous, communiqué.

Pour toute réponse, je l'engageai à m'amener cette femme le lendemain. Quelle ne fut pas ma surprise de revoir en elle une de mes anciennes clientes qui, deux ans auparavant, et une seule fois seulement, était venue me consulter pour des accidents syphilitiques, mais que je reconnaissais parfaitement à une particularité rare, qui m'avait alors frappé : des cheveux blancs encadrant, sans rien lui enlever de sa fraîcheur et de sa beauté, un visage de vingt ans ! J'examine, et je découvre à première vue deux plaques muqueuses situées vers le bas de la grande lèvre droite, juste au lieu géométrique du point occupé par le chancre de son amant.

Celui-ci dut se rendre à l'évidence, et sortit bien convaincu, cette fois, des inconvénients qu'il pouvait y avoir à se préparer à la licence dans l'intimité d'une jeune et trop aimable lectrice.

Une erreur très généralement répandue, c'est que les filles publiques, soumises à une surveillance régulière et que l'on suppose efficace, sont moins *dangereuses* que les femmes libres, telles que filles entretenues, ouvrières, domestiques, etc. Or, c'est là un préjugé, et un préjugé funeste, que trop de gens constatent à leurs dépens. Qu'on le sache bien, le brevet de santé que la loi semble accorder aux filles publiques est comme tous les brevets... *sans la garantie du gouvernement !*

Il résulte, en effet, de recherches statistiques faites à l'hôpital du Midi, que près des *trois quarts* des chancres primitifs, simples ou infectants, contractés à Paris, sont communiqués par les filles publiques. Les observations que j'ai pu faire moi-même, tant sur les malades de mon dispensaire que sur ceux de ma clientèle privée, m'ont conduit au même résultat. — La seule maladie vénérienne que l'on contracte plus fréquemment avec les femmes libres qu'avec les prostituées est la blennorrhagie, ce qui s'explique facilement, si l'on considère que, dans le plus grand nombre des cas, cette affection est moins la conséquence d'une contagion proprement dite que de l'abus du coït, exercé dans certaines conditions d'excitation spéciale, qui manquent généralement dans les rapports avec les filles publiques. Mais le chancre et la syphilis qui en est la suite ont, je le répète, leur foyer principal dans les maisons de prostitution. Voici un relevé statistique communiqué par M. le docteur Puche, ancien médecin de l'hôpital du Midi, qui le prouve surabondamment. Il comprend à la fois les malades de l'hôpital et ceux de sa clientèle privée.

Sur 510 cas de syphilis, M. Puche a trouvé la contagion transmise comme il suit. Contagion provenant de :

Prostituées	374
Filles entretenues.	48
Ouvrières.	68
Domestiques	10
Femmes des malades.	10
	510

Ainsi, sur 510 cas de syphilis, 371, c'est-à-dire plus des *trois quarts*, ont été communiqués par des filles publiques.

« Pour atténuer présentement, dit Parent-Duchâtelet, les ravages de la syphilis, et la faire disparaître probablement par la suite, la première, la plus indispensable des conditions, est de surveiller la santé des individus qui se trouvent dans les conditions les plus favorables pour la propager. *Ces individus sont évidemment les prostituées.* »

La contagion directe ou immédiate n'est pas le seul danger que présente la fréquentation des prostituées. Il en est un autre peu connu, mais très réel, dont j'ai pu voir, dans ma pratique, d'assez nombreux exemples. Ce danger est celui de la *contagion médiate*, que notre regretté confrère et ami, le docteur A. Cullerier, a le premier signalé et mis en évidence, il y a une vingtaine d'années, par des expériences décisives faites publiquement à l'hôpital de Lourcine. D'après ce mode de contagion, un homme peut contracter la syphilis avec une femme parfaitement saine : il suffit pour cela que du virus syphilitique ait été récemment déposé dans ses organes par un précédent adorateur. Le dernier venu le prend pour lui, et il peut alors se faire que le curage soit assez complet pour qu'il n'en reste rien sur place, et que la femme se trouve ainsi préservée par cet aimable et galant procédé de prophylaxie homœopathique : *similia similibus*. On comprend que de pareils faits ne doivent pas être rares dans les maisons de prostitution, que nombre d'individus, qui se feraient un scrupule de communiquer leur mal à une femme libre, considèrent comme autant de collecteurs officiels où ils peuvent impunément et sans remords assouvir leur brutalité, comptant d'ailleurs sur l'administration pour en conjurer les suites. Les considérations et surtout les chiffres qui précèdent ne prouvent que trop cependant l'impuissance radicale des règlements administratifs actuellement en vigueur contre la syphilis. Il est même permis de se demander si ces règlements, en raison de la fausse sécurité qu'ils inspirent, ne sont pas plutôt, il faut bien le dire, une voie ouverte au mal, qu'une barrière opposée à sa propagation.

J'ai fait connaître ailleurs, et en y insistant longuement, les réformes qu'il conviendrait d'appliquer à notre police sanitaire, pour la mettre au niveau de nos connaissances actuelles sur la contagion syphilitique. Ces réformes, sans doute, n'arriveraient pas encore à sauvegarder d'une manière absolue la santé publique, ce qui est, quoi qu'on fasse, impossible ; mais elles auraient du moins pour effet de la garantir dans les limites d'une prévoyance raisonnable. Ne pouvant, sans sortir de mon sujet, reprendre ici cette question, je renvoie ceux de mes lecteurs qu'elle pourrait intéresser à mon *Traité des maladies vénériennes* (pages 500 et suiv.), ainsi qu'au grand et savant ouvrage de M. le docteur H. Mireur (de Marseille), livre écrit de main de maître, et qui restera dans la science comme un des plus beaux monuments élevés de notre temps à l'hygiène publique [1].

Mais, à côté de la prostitution légale, patentée, ayant son personnel inscrit au bureau des mœurs, se montre et se cache un autre genre de prostitution non moins dangereux au point de vue de la salubrité, et qui de plus, est un perpétuel objet de scandale pour la morale publique. Nous ne saurions mieux faire, pour donner une idée de ce genre de prostitution, assez mal défini sous le nom de *prostitution clandestine*, que d'en reproduire ici le saisissant tableau qu'en a tracé M. Lecour, ancien chef du bureau des mœurs à la Préfecture de

1. *La syphilis et la prostitution dans leurs rapports avec l'hygiène, la morale et la loi*, grand in-8. Paris. 1875.

police, dans son livre sur *la Prostitution à Paris et à Londres* (1870).

« Les prostituées insoumises, dit cet honorable administrateur, sont partout, dans les brasseries, les cafés-concerts, les théâtres et les bals. On les rencontre dans les établissements publics, les gares de chemins de fer, et même en wagon. Il y en a sur toutes les promenades, aux devantures de la plupart des cafés. Jusqu'à une heure avancée de la nuit, elles circulent nombreuses sur les plus beaux boulevards, au grand scandale du public, qui les prend pour des prostituées inscrites en infraction aux règlements, et qui, dès lors, s'étonne de l'inaction de la police à leur égard.

« Beaucoup de ces filles ne racolent pas ouvertement, à la façon des prostituées en carte et par de cyniques propositions. Elles jouent de la prunelle et du coude, ricanent, appellent l'attention par leur démarche, leur costume, se font accoster, mais n'accostent pas, cherchent l'occasion et acceptent tous les hasards.

« Il y a des cafés où elles consomment sans bourse délier, aux frais du chef de l'établissement, à moins qu'un consommateur ne paye pour elles, ce qui a lieu d'ordinaire; des restaurants, connus du monde de la débauche, où elles mangent gratis, en raison des aubaines qu'elles ont procurées ou qu'elles procureront, et des cochers qui sont à leurs ordres, aux mêmes conditions.

« L'été, le racolage se fait par installation devant un café, le marivaudage avec les consommateurs, soit directement, soit par l'intermédiaire de quelque mendiante, marchande de bouquets. Il s'opère aussi en voiture allant au pas et longeant le trottoir: à côté de la dame, il y a une place à prendre et qu'elle semble offrir aux passants. Celui qui la prendra payera la course et le reste. Aussi le cocher est-il de moitié dans les mines et les anxiétés de sa cliente.

« Au théâtre, elles arrivent tard pour se faire remarquer; elles attirent l'œil par des excentricités de costumes, elles sortent à chaque entr'acte, quittent ou prennent quelques vêtements aux couleurs voyantes, parlent haut, rient bruyamment, jouent de la lorgnette ou de l'éventail. Comment ont-elles mangé ? Qui les reconduira? Où coucheront-elles?... C'est le fond du panier de cette légion de courtisanes, spéciales à notre époque, et qui, on ne sait pourquoi, sans esprit et souvent sans beauté, font tapage dans les avant-scènes, roulent voiture, fréquentent des villes d'eaux et dévorent des fortunes.

« D'autres, habituées des brasseries et cafés-concerts, vont de table en table, rieuses, tapageuses, provocantes, en quête d'un mot qui crée une liaison d'une nuit. Pour le plus grand nombre, et ce sont les plus jeunes et les moins perverties, l'unique moyen de racolage, c'est le bal, et il y en a pour toutes les toilettes et pour tous les goûts. Quand toutes ces tentatives ont été vaines, il reste la rue.

« L'heure a beau s'avancer, ou trouve toujours de ces femmes attardées. Des passants isolés les croisent et les regardent. Est-ce une aventure ? Qu'importe, cela en sera une ! Et un dernier couple s'éloigne dans l'ombre...

« Et c'est ainsi qu'une foule de femmes, sans autre moyen d'existence, et quotidiennement vouées aux mêmes expédients, arrivent aujourd'hui comme hier, et comme elles le feront demain, à vivre de la débauche, au grand péril de la santé publique. » (*Loc. cit.*, p. 345).

Ajoutons à ce tableau si fidèle une peinture du même sujet, par Maxime du Camp, que nous détachons de son grand ouvrage, véritable traité de physiologie sociale sur *Paris, ses organes, ses fonctions et sa vie* (1872).

« Cette prostitution, dit-il, procède ouvertement, sans choix, pour de l'argent ; elle encombre les boulevards, les Champs-Élysées, le bois de Boulogne ; elle remplit nos théâtres, non seulement dans les loges, mais sur les planches, où elle paye pour se montrer, comme sur une table de vente, au plus offrant et dernier enchérisseur ; elle a la façon provocante de ceux qui ne craignent rien ; elle force les caissiers à dévaliser leurs caisses ; elle sort dans des voitures à quatre chevaux ; elle porte aux oreilles des diamants historiques, et lorsqu'elle demande une inscription pour mettre au haut de l'escalier de son hôtel, on pourrait lui répondre :

Ainsi que la vertu, le vice a ses degrés. »

M. Maxime du Camp, dans son ardeur de moraliste, nous semble cependant aller un peu trop loin. Même dans les choses les moins respectables, il y a des limites qu'il faut respecter.

Nous nous associons donc pleinement aux justes réflexions dont M. Mireur, dans son *Traité de la prostitution*, fait suivre cette même citation.

« Comme par suite, dit-il, d'une étrange loi d'assimilation, les diverses classes de la prostitution répondent aux différentes classes de la société. Si le fond est partout le même, il n'est pas moins vrai que la diversité des milieux constitue des différences extérieures très sensibles. Aussi, voit-on dans ce monde de la galanterie et du libertinage, qu'on est convenu d'appeler le *demi-monde*, tous les degrés représentés: il y a l'aristocratie et la plèbe, la courtisane célèbre et la racoleuse d'aventure. D'autre part, et en dehors même de ce personnel, dont la hiérarchie n'est qu'apparente, il existe encore une autre catégorie, celles des *femmes entretenues*, qui, vivant des libéralités d'un seul ou étant l'objet d'une de ces sortes de sociétés en commandite plus ou moins limitées, ont d'autres usages, d'autres mœurs, un autre genre d'exploitation, en un mot, un autre *modus vivendi*. Doit-on négliger ces apparences, faire abstraction de ces habitudes, et confondre sous une dénomination commune ces catégories si dissemblables? Telle n'est point notre pensée;

car nous ne supposons pas que les mots de galanterie, concubinage et prostitution soient synonymes. » (*Loc. cit.*, p. 310).

Il y a là, en effet, des distinctions à établir, et nous pensons, avec M. Mireur, qu'il convient de réserver le nom de prostitution au seul libertinage qui se montre et s'affiche sur la voie et dans les lieux publics. A moins qu'on ne préfère, avec notre aimable et féroce auteur de la *Dame aux Camélias*, classer parmi les prostituées ou « femmes de rue » toutes les femmes vivant en dehors du mariage, ce qui simplifierait, il est vrai, la définition.

CINQUIÈME LETTRE

PROPHYLAXIE DE LA SYPHILIS. — CONCLUSION.

Nous connaissons déjà les principaux signes extérieurs à l'aide desquels il est possible, dans certains cas, de reconnaître à temps qu'une femme est syphilitique. Mais cela ne suffit pas; car il peut arriver, comme nous l'avons dit, que ces signes fassent défaut, ou que diverses circonstances de temps et de lieu ne nous permettent pas d'en constater immédiatement la présence. D'où la nécessité, dans toute rencontre suspecte, et quelles que soient les apparences de sécurité qu'elle puisse offrir, de prendre certaines précautions individuelles que nous allons maintenant indiquer.

Et d'abord, un coup d'œil sur les surfaces qui

vont être directement exposées. Il faut qu'elles soient intactes. La plus légère solution de continuité, une écorchure, une éraillure, une érosion, si petites qu'elles soient, sont autant de portes ouvertes à l'ennemi. Attendez qu'elles soient fermées.

Nous avons dit plus haut, à propos de la blennorrhagie, quelle importance nous attachons, comme moyen prophylactique, aux soins minutieux de toilette, *intus et extra*, pris par la femme avant le congrès. A plus forte raison, devrons-nous exiger ces mêmes soins quand nous avons lieu de craindre la syphilis. « Vénus sortant de l'onde » est ici plus que jamais de rigueur... Mais gardons-nous de lui offrir la réciprocité. Des lotions préalables avec de l'eau simple ou savonneuse seraient, de notre part, plus nuisibles qu'utiles. Mieux vaut en ce moment, la propreté dût-elle en souffrir, laisser à nos tissus leur vernis naturel, muqueux ou sébacé. Ajoutez-y même, pour plus de sûreté, une légère couche d'un corps gras, cold-cream ou axonge ; l'accès sera plus facile, le contact moins dangereux. Et vous remplacerez ainsi avec avantage l'ignoble baudruche, dont l'efficacité, déjà douteuse contre la blennorrhagie, devient à peu près nulle contre le chancre et la syphilis. « Mauvais parapluie, disait M. Ricord parlant de cette enveloppe, que la tempête peut crever ou déplacer, et qui, dans tous les cas, garantissant assez mal de l'orage, n'empêche pas les pieds de se souiller. »

Un médecin célèbre, Nicolas Massa (de Venise), écrivait, il y a trois siècles, au beau temps de la Renaissance et de la vérole : « *Si vero quis cum infecta muliere coire voluerit, quod fatuum est, non moretur in coitu.* »

Ce précepte, en vieillissant, n'a rien perdu de son utilité : l'amour prudent doit être alerte et égoïste. Point de pause, de retard volontaire... Et aussitôt après, au moment propice où l'amour quitte son bandeau, où le regret succède à l'entraînement, où le désir satisfait fait place à la crainte, vite, vite! un lavage complet, attentif, minutieux, plusieurs fois répété, de toutes les surfaces que le virus a pu toucher, de tous les plis et replis où il a pu se glisser. Pas une minute, une seconde à perdre, les instants sont précieux : *fugit irreparabile tempus!*

Depuis l'invasion de la syphilis en Europe, c'est-à-dire depuis la fin du quinzième siècle, presque tous les médecins qui se sont occupés spécialement de cette maladie, ont cherché les moyens de la prévenir. Dans l'ignorance où l'on fut d'abord de son véritable mode de contagion, et dans l'opinion généralement répandue qu'elle pouvait se transmettre à distance et se propager, à la manière des maladies épidémiques, par l'air, par l'eau, les aliments, etc.[1], personne ne dut songer à des préservatifs particuliers. Des édits, des règlements d'une police barbare, ordonnant la séquestration des vérolés, et même prescrivant contre eux des châtiments corporels, furent les premiers moyens qu'on employa pour s'opposer à l'extension du fléau. Les riches étaient contraints de s'emprisonner dans leurs demeures, les pauvres étaient chas-

1. Témoin l'histoire si connue du cardinal Wolsey, accusé d'avoir voulu donner la vérole au roi d'Angleterre Henri VIII, en lui parlant à l'oreille ; et ce spirituel passage du livre de Fallope, où ce médecin se moque agréablement de ceux qui, pour défendre l'honneur de certaines femmes, disaient qu'elles avaient pris la vérole par le moyen de l'eau bénite : « Et quamvis quidam summæ « auctoritatis voluerint defendere castas matronas, dicentes eas « fuisse aquâ benedictâ infectas. Infectio illa habuit originem per « unum asperges... scio ego. » (*Tract. de morbo gallico,* chapitre XIII).

sés et menacés de mort, abandonnés même des médecins, qui se voyaient impuissants à combattre leur mal : « Pauperes hoc malo laborantes « expellebantur ab hominum conversatione, « tanquam *purulentum cadaver;* derelicti a « medicis (qui se nolebant intromittere in cu- « ram), habitabant in arcis et silvis. » (Laur. Phrisius, *De morbo gallico*).

Mais dès qu'on sut que la syphilis ne se communiquait que par le coït, ou par tout autre contact *immédiat;* dès qu'on en connut la cause spéciale, et que les propriétés du virus syphilitique furent nettement définies, on s'occupa de découvrir des agents directs de préservation, c'est-à-dire des substances capables de neutraliser le poison vénérien inoculé pendant le coït.

Le vin blanc et le vinaigre furent les premiers liquides dont on prescrivit l'usage. Nicolas Massa les recommande particulièrement au chapitre VI de son livre, *De morbo gallico* : « Quod si forte quis muliere infecta coiverit, « laventur partes illæ post coitum cum vino « albo, vel cum aceto, quod magis placet, ut « fiat confortatio membri et prohibitio corrup- « tionis ad illam malam qualitatem, et sic stet

« in suo robore membrum confirmatum. » Et plus loin : « Si vero quis cum infecta muliere « coire voluerit, quod fatuum est, lavetur vulva « cum vino aut aceto, et membrum virile cum « aceto, quoniam non sinit imprimere malam « illam qualitatem, et non moretur in coitu. « Et post lavetur membrum virile ut supra. Et « contra, si mulier cum viro infecto coiverit, « lavet viri membrum et vulvam, et non mo- « rentur in coitu. »

Déjà, en 1290, Lanfranc ordonnait de laver la verge avec de l'eau vinaigrée, non pour se préserver de la syphilis qui, à cette époque, n'existait pas encore en Europe, mais comme moyen prophylactique contre les affections non virulentes des organes génitaux, qui, de tout temps, ont pris naissance à la suite de rapports avec des femmes malpropres ou malsaines : « Si quis vult membrum ab omni corruptione « servare, quum recedit a muliere quam habet « suspectam de immunditia, lavet illud cum « aquâ aceto mixtâ. »

Le jus de citron a également joui d'une grande faveur. Fracastor, dans son beau poème sur la syphilis, l'a célébré par les vers suivants :

Sed neque carminibus neglecta silebere nostris
Hesperidum decus, et medarum gloria CITRE
Sylvarum. . . . .
. . . .
Ergo ubi nitendum est cæcis te opponere morbi
Seminibus, *vi mira arbor cithereïa præstat.*

Gabriel Fallope, qui attachait une telle importance à la prophylaxie de la syphilis, qu'il aurait cru, disait-il, n'avoir rien fait s'il n'avait appris aux hommes les moyens de se garantir de la vérole, vanta diverses lotions faites sur le gland avec des liquides vulnéraires tirés du mercure et du gaïac, ainsi qu'une enveloppe de linge séché après avoir été préalablement imbibé d'une décoction de plantes aromatiques et astringentes. Il affirme avoir fait l'épreuve de ces moyens préservatifs sur plusieurs centaines d'individus, et il prend Dieu à témoin qu'il a toujours réussi : « Ego feci experimen- « tum in centum et mille hominibus, et Deum « testor immortalem nullum eorum infectum. » (*De morbo gallico tractatus*, cap. LXXXIX).

Pierre Agathus (1564) a beaucoup loué les décoctions aromatiques ; Petronius les lotions d'urine et d'eau-de-vie camphrée. En 1690, Ettmuller, professeur à Leipsick, conseilla de

6.

se laver avec de l'essence de térébenthine mêlée au vin; Palmarius crut à l'efficacité d'une décoction vineuse de gaïac; De Mahon (1770) recommanda les lavages avec une solution d'alun. Un an plus tard, le docteur anglais Warren donna des préceptes minutieux qui consistaient, *ante coitum*, en un graissage préalable, avec une pommade astringente; *post coitum*, en des lotions et injections avec une lessive alcaline.

Guilbert de Préval (1772) préconisa un préservatif composé d'un mélange d'eau distillée, d'eau de chaux, d'alcool et de sublimé corrosif, ce qui lui valut, comme nous l'avons dit déjà, toutes sortes d'humiliations, et sa radiation de la liste des docteurs régents de la Faculté. La docte compagnie, qui, à cette époque, ne possédait encore qu'à une très faible dose cette suprême raison dont Voltaire venait d'illuminer son siècle, profita même de l'occasion pour flétrir tous les moyens analogues « comme ouvrant la porte au libertinage, et produisant un dérèglement dont devaient souffrir la population, le bon sens et la pureté des mœurs! »

En 1774, Peyrilhe proposa l'ammoniaque étendue d'eau; Hunter, Fordyce, Mederer, à l'imitation de Warren, recommandèrent des lotions et injections avec une solution légère de potasse caustique. Déjà ce dernier liquide était connu en France sous le nom de *lotion antivénérienne*. Hunter prescrivit encore, comme propre à empêcher l'infection vénérienne, l'eau de chaux et une solution de sublimé corrosif à la dose de 2 grains pour 8 onces d'eau.

Un peu plus tard, le docteur Malapert conseilla l'emploi, déjà indiqué par Hunter, d'une solution de bichlorure de mercure. En 1828, Coster, pensant que le chlore avait la propriété de détruire le virus syphilitique en lui enlevant son hydrogène, fit des essais sur l'homme et les animaux avec les chlorures de soude et de chaux. Ces essais eurent, dit-on, un plein succès. Des lotions et des injections chlorurées furent prescrites à plusieurs individus qui s'exposaient fréquemment avec des femmes infectées, et pas un seul ne contracta la maladie vénérienne.

M. Ricord a également recommandé les lotions chlorurées (de l'eau contenant un cinquième de liqueur Labarraque). Les acides et les alcalins étendus d'eau de manière à n'être pas caustiques, l'alcool, le vin, la solution de sulfate de zinc et d'acétate de plomb, lui ont paru offrir quelque utilité. Toutefois, d'après ce médecin, l'efficacité de ces diverses substances se bornerait à neutraliser le virus qui n'aurait encore été que déposé sur une surface restée saine. Quand le pus virulent a pénétré dans les tissus, aucun moyen, si ce n'est la cautérisation des parties, à une profondeur qui dépasse celle des points contagionnés, ne peut en empêcher les effets.

Citons encore le préservatif à base de perchlorure de fer, proposé dans ces derniers temps par M. Rodet (de Lyon), et enfin le nôtre, auquel nous donnons naturellement la préférence. En voici la formule :

Alcool ordinaire.	30 grammes.
Savon de toilette.	10 —

Faire dissoudre le savon dans l'alcool, filtrer et ajouter :

Essence de citron rectifiée. . .	5 grammes.

L'effet prophylactique de ce liquide, expérimentalement démontré (voyez mon *Traité des maladies vénériennes*, pages 401 et suiv.), est le résultat d'une double action : d'une part, l'alcool et l'essence de citron étant des substances très volatiles, pénètrent rapidement dans les tissus, et neutralisent, par leur activité spéciale, le virus syphilitique qui aurait pu s'y introduire; d'autre part, le savon, qui entre en grande proportion dans le mélange, permet un lavage aussi complet et aussi *entraînant* que possible de tous les points où ce même virus n'aurait été que superficiellement déposé. La consistance oléagineuse du liquide facilite singulièrement son application. Il suffit, en effet, d'en verser quelques gouttes sur les parties qui viennent de subir un contact suspect, et de les étendre ensuite au moyen de frictions faites avec les doigts pendant une minute au plus. La seule sensation qu'il provoque est une légère cuisson, qu'une simple ablution d'eau fraîche fait immédiatement disparaître. Ajoutons enfin que ce liquide n'a pas l'inconvénient de tacher le linge, et que le mélange dont il est formé, au lieu de constituer une drogue pharmaceutique repoussante, en fait, au contraire, un cosmétique d'une odeur agréable et d'un usage en tout approprié aux délicates exigences du moment.

Indépendamment des premières expériences auxquelles je me suis livré pour prouver l'efficacité de mon préservatif, j'ai recueilli bon nombre de faits ayant eu le même résultat.

En voici un, entre autres, que je rapporterai, parce qu'il donne, sous une forme assez piquante, sinon une démonstration rigoureusement scientifique, du moins une idée saisissante de son pouvoir prophylactique :

OBSERVATION. — Un jeune médecin, célibataire, reçoit un jour dans son cabinet un client affecté de deux chancres sur le prépuce. Il examine, constate la nature du mal, et formule sa prescription.

— Et vous docteur, lui dit le malade, comment vous portez-vous?

— La question est au moins indiscrète. Que voulez-vous dire?

— Je veux dire, réplique le malade, que vous devez être dans une situation à peu près semblable à la mienne, puisque, le jour où j'ai contracté mes chancres, vous avez également et avant moi, ainsi que je l'ai su plus tard, expérimenté sur vous même, et en le puisant à la même source, le virus qui me les a transmis.

Le docteur sourit, et, pour toute réponse, montra à son client un petit flacon contenant mon liquide, en lui recommandant d'en faire usage à l'avenir.

Soit que l'on ait eu recours à un préservatif, ou qu'on se soit borné, pour toute précaution, à un lavage — suffisant, je dois le dire, dans la plupart des cas, pourvu qu'il soit complet et minutieusement exécuté, — il faut encore, à la suite de tout congrès suspect, s'observer attentivement pendant plusieurs jours. Toute lésion, si légère qu'elle paraisse, toute écorchure, érosion, fissure, etc., que l'on apercevrait, doit être *immédiatement cautérisée*. Des expériences nombreuses, faites par M. le professeur Sigmund (de Vienne), venant à l'appui d'expériences d'un autre genre faites par Wallace, Puche et Luidwurm, ont, en effet, démontré que l'absorption du virus syphilitique par l'organisme n'est pas instantanée, qu'elle est toujours précédée d'un travail local, d'une sorte de germination ou fermentation sur place du virus inoculé, qui dure un certain temps, pendant lequel il est possible d'enrayer le développement du chancre et de préserver ainsi le malade de l'infection. Voici le résumé de ces expériences, que nous empruntons à l'excellent *Traité de la Syphilis* de M. le docteur Lancereaux :

Sur 57 cas de contagion probable de la syphilis, 35 furent traités par la cautérisation du point contaminé, 22 furent abandonnés à eux-mêmes.

Or, des 35 malades cautérisés du premier au

dixième jour, 10 devinrent syphilitiques, soit environ 29 *pour* 100. — Des 22 malades non cautérisés, 11 furent atteints de syphilis, soit 50 *pour* 100.

Cette différence considérable entre les deux résultats est bien plus significative encore, si l'on ne tient compte que des cas où la cautérisation a été précoce.

Ainsi, parmi les 35 individus cautérisés, 24 le furent du premier au troisième jour : la syphilis ne se développa que chez 3, soit 12 *pour* 100; tandis que chez les 11 autres qui ne furent cautérisés que du cinquième au dixième jour, 7 devinrent syphilitiques, soit 63 *pour* 100 : ce qui tend à établir au moins que la cautérisation pratiquée dans *les trois premiers jours* qui suivent le contact suspect, paraît avoir des avantages réels et, sans assurer une immunité absolue, *offre des chances de salut quatre ou cinq fois plus que l'inaction.* »

Donc, il faut faire pour toute plaie soupçonnée d'avoir pu livrer passage au virus syphilitique ce que l'on fait pour la morsure d'un chien enragé ou d'un reptile venimeux : la cautériser fortement et le plus tôt possible.

Ce précepte n'est pas nouveau. Il a été pour la première fois donné en 1512 par Jean de Vigo, dans son livre sur la maladie vénérienne : « In primis veniendo ad originem morbi, vide« licet ad pustulas quæ solent accidere in virgâ, « *sine aliqua temporis intermissione*, protinus « *medicamine acuto* malignitatem earum inter« ficiente, *sunt delendæ*, ut exinde earumdem « malitia per totum corpus non extandatur. » (J. de Vigo, *De morbo gallico Tractatus.*) Depuis lors, de nombreux auteurs ont également recommandé la destruction abortive des chancres. Je citerai parmi les plus célèbres, Hunter, Cullerier et surtout M. Ricord qui, plus que tout autre, a insisté avec autant d'autorité que de raison pour en populariser l'emploi.

Il va sans dire que cette opération, assez délicate, ne devra jamais être confiée qu'à un médecin. Je me rappelle un malheureux jeune homme qui, pour avoir voulu se cautériser lui-même avec de l'acide azotique fumant, fut puni de son imprudence par la perte d'un tiers du gland, et la destruction de son urèthre dans une étendue de plus d'un centimètre !

Terminons cette première partie de notre

livre, en résumant sous la forme de préceptes distincts, et dans l'ordre où ils doivent être suivis, les enseignements qui précèdent.

I. — Se rappeler les signes extérieurs à l'aide desquels il est possible de reconnaître à temps, c'est-à-dire *ante nuptias*, la présence de la syphilis, et, tout en respectant les convenances, ne rien négliger pour les découvrir.

II. — Inspection minutieuse, avant tout congrès suspect, des surfaces qui vont être exposées, afin de s'assurer de leur parfaite intégrité.

III. — Exiger de la femme des lotions et injections préalables, soit avec de l'eau pure, soit, ce qui est préférable, avec de l'eau légèrement aromatisée.

IV. — Enduire l'organe d'un corps gras non iquide, cold-cream ou axonge.

V. — S'abstenir après de trop fortes libations alcooliques, et observer la loi de Moïse pendant toute la durée de chaque époque menstruelle.

VI. — Éviter tout retard volontaire; *non*

morari in coitu, selon la juste expression de Nicolas Massa.

VII. — Modérer ses désirs, et s'imposer une sage limite dans la répétition.

VIII. — Aussitôt après le congrès, lavage complet, minutieux, pénétrant et suffisamment prolongé. Pour plus de sûreté, faire usage du préservatif recommandé page 68.

IX. — Expulser l'urine le plus promptement possible. Diriger ensuite dans l'urèthre un mince filet d'eau pure ou légèrement acidulée, en le laissant tomber d'une certaine hauteur, pour en faciliter la pénétration.

X. — Les jours suivants, s'observer avec la plus minutieuse attention, et cautériser sans retard toute plaie, toute écorchure, toute érosion, en un mot, toute solution de continuité suspecte.

Ces préceptes, comme on le voit, ne présentent, dans leur application, aucune difficulté sérieuse. Rigoureusement suivis, ils auraient pour effet, j'en ai la conviction, de réduire dans une énorme proportion les cas de maladies vénériennes. Mais seront-ils suivis! Nos conseils, auxquels on accordera du moins le mérite du désintéressement, seront-ils écoutés? Hélas! je crains fort de n'avoir prêché que dans le désert... Car telle est la puissance de l'instinct sexuel, qu'il efface en nous l'instinct du danger. De loin et longtemps d'avance, on voit le péril, on le redoute; de près, et le moment venu, il disparaît dans l'éblouissement du désir. Et alors, adieu la prudence et les sages précautions! Loin de nous tout ce qui peut retarder le plaisir convoité ou refroidir l'ardente passion!... L'exaltation érotique peut même égarer à ce point la raison, que l'aveu du mal n'est pas toujours un frein suffisant. La femme qui en est l'objet apparaît, dans l'imagination troublée, ornée de toutes les perfections; elle ne peut pas, elle ne doit donc pas être malade... Et, chose plus étonnante encore, nous voyons tous les jours des individus ayant acquis, à leurs dépens, la preuve du contraire, persister quand même dans leur étrange aveuglement! Ils viennent nous consulter pour un chancre infectant; déjà la vérole les a marqués de ses premiers stigmates, écoutez-les: ils ont la certitude que leur maîtresse était *parfaitement saine !*

Que peuvent les leçons de l'hygiène contre de tels entraînements? Peu de chose en vérité. Aussi, malgré tant d'efforts pour l'arrêter, la syphilis a-t-elle continué et continue-t-elle à faire par le monde son triste chemin. Et ainsi continuera-t-elle, jusqu'à ce qu'un nouveau Jenner, ce qu'on peut espérer dans l'avenir, en ait trouvé le vaccin.

Mais si peu que vaillent nos leçons, ne les regrettons pas. Si nous ne pouvons empêcher l'aveugle instinct de courir aux écueils, nous aurons du moins jeté sur sa route quelques planches de salut.

SIXIÈME LETTRE

SYPHILIS ET MARIAGE.

Emile, nous l'avions prévu, n'a pas tenu compte de nos préceptes ; il n'a pas su tourner l'écueil, l'éviter à temps... Trois années se sont écoulées depuis le jour où, succombant à l'ivresse des sens, il avait, dans une fatale rencontre, puisé le germe syphilitique. Il a patiemment lutté contre le mal, strictement suivi les conseils de son médecin, et le voici maintenant songeant aux joies futures de la famille, au repos laborieux succédant à une jeunesse studieuse et agitée. Homme de cœur avant tout, Emile vient donc nous demander s'il peut honnêtement, sans crainte d'une catastrophe pour sa femme et ses enfants, contracter l'union désirée.

Nous abordons ici la question la plus délicate qui puisse être posée à un médecin : dans quelles conditions, à quelle date un syphilitique peut-il contracter mariage sans danger pour sa femme, sans crainte de transmission héréditaire pour ses descendants ?

Certains médecins ultra-rigoristes voudraient bannir du mariage tout sujet syphilitique; mais cette exclusion en masse, en dehors de ce qu'elle n'est nullement justifiée, est inapplicable : sans cela, que de célibataires qui cependant auraient pu faire souche d'une saine et nombreuse lignée !

Nous avons, dans nos précédents ouvrages, et en particulier dans notre *Traité de la Syphilis dans ses rapports avec le mariage*, maintes fois affirmé que la syphilis guérit, puisque des syphilitiques ont pu contracter une seconde fois la vérole et que, si elle ne guérit pas, elle reste tout au moins dans la très grande majorité des cas, à l'état latent, ce qui, dans la pratique, revient au même. Nous savons également que les accidents primitifs et secondaires seuls sont contagieux, que les accidents tertiaires ne le sont pas, d'où il résulte que la plupart des syphilitiques ne sont dangereux que pendant les deux ou trois premières années de la vérole.

C'est donc sur ces trois faits : guérison possible, état latent, limitation à deux ans en moyenne de la période contagieuse que nous devons nous appuyer pour répondre à la question posée, c'est-à-dire la détermination des conditions d'aptitude au mariage des syphilitiques.

Ces conditions sont au nombre de quatre, savoir :

1° ABSENCE D'ACCIDENTS SPÉCIFIQUES ACTUELS ;

2° CARACTÈRE LÉGER OU GRAVE DE LA VÉROLE ;

3° TEMPS ÉCOULÉ DEPUIS LE DÉBUT DE LA SYPHILIS ET DEPUIS LES DERNIERS ACCIDENTS OBSERVÉS ;

4° JUSTIFICATION D'UN TRAITEMENT RÉGULIÈREMENT SUIVI.

Absence d'accidents spécifiques actuels. — Il va sans dire que l'interdiction du mariage doit être formelle, absolue, s'il s'agit d'accidents contagieux, de plaques cutanées ou muqueuses.

Mais si l'on est en présence d'accidents tertiaires, non contagieux, la conduite à tenir est différente, suivant les cas.

Si par ses caractères antérieurs et actuels, par la multiplicité et la gravité de ses accidents, la vérole semble devoir aboutir aux lésions viscérales et surtout cérébrales si graves de la période tertiaire, à l'état de démence, de cachexie finale, le mariage devra être interdit, non qu'il y ait, en réalité, de danger pathologique pour la femme ni même pour les enfants, mais pour éviter la catastrophe d'une union avec un individu voué à une dégradation organique persistante et peut-être capable, à la suite de troubles cérébraux divers, d'une criminalité irresponsable.

Mais tel n'est pas le cas ordinaire, car cet enchaînement pathologique si sombre de la syphilis tertiaire grave est heureusement devenu, grâce au traitement, d'une grande rareté. Le plus souvent il ne s'agit que d'une simple exostose superficielle, d'une gomme sous-cutanée ou muqueuse. Il faut alors s'informer depuis combien de temps dure la lésion, depuis combien de temps elle paraît stationnaire; puis, si l'accident spécifique tertiaire est unique ou s'il n'est accompagné que d'autres accidents légers de même ordre et siégeant sur un même tissu (osseux, musculaire, cutané, etc.), ce qui n'implique pas la tendance de la syphilis à se généraliser à tout l'organisme. En pareil cas, on fera suivre au malade un traitement ioduré de six mois au moins. Après ce laps de temps, si les manifestations tertiaires ont disparu peu à peu, ou même si certaines d'entre elles, les lésions osseuses, sont restées stationnaires, ne donnant lieu à aucun phénomène douloureux ni à aucun autre trouble fonctionnel, on pourra autoriser le mariage, sinon immédiatement, du moins après un temps d'épreuve suffisant.

Caractère léger ou grave de la vérole. — Le caractère de gravité ou de légèreté de la syphilis se déduit de la forme du chancre initial, de la gravité et des récidives des accidents secondaires. En effet, d'après la loi de corrélation, à un chancre bénin correspond une syphilis bénigne, à un chancre grave une syphilis grave; de même dans les véroles malignes, les accidents secondaires prennent facilement une forme humide, ulcéreuse et leurs récidives sont fréquentes.

Ce diagnostic fait entre une syphilis légère et une syphilis grave, quel temps écoulé devra-t-on exiger après chacune d'elles pour autoriser le mariage ? Telle est la question fondamentale du débat.

Temps écoulé depuis le début de la syphilis et depuis les derniers accidents spécifiques observés. — Nous discuterons successivement la question pour les syphilis légères et les syphilis graves.

Syphilis légère. — Le malade a eu un chancre ou, le plus souvent une érosion chancreuse; puis une roséole, des papules, des plaques muqueuses. Le tout a duré quinze à dix-huit mois, pendant lesquels le traitement a été régulièrement suivi. Les accidents qui se sont succédé ou reproduits ont toujours été de moins en moins graves, et ils ont disparu depuis un certain temps. Le mariage est-il possible?

Oui, sans doute le mariage est possible, du moins dans le plus grand nombre des cas. *Mais à quelle condition peut-on le permettre? Quel temps doit s'écouler entre la disparition du dernier symptôme de la maladie et le moment où l'on croira pouvoir laisser publier les bans?*

Un des caractères les plus fâcheux de la syphilis, caractère qui, du reste, lui est commun avec la plupart des maladies constitutionnelles : dartre, scrofule, arthritis, etc., est d'être sujette à des récidives, à des retours successifs que séparent des intervalles plus ou moins longs, durant lesquels le malade paraît jouir d'une santé parfaite. Or c'est là précisément ce qui crée notre embarras pour répondre à la question posée; c'est ce caractère, dont l'éventualité toujours menaçante nous ôte la possibilité, quelle que soit d'ailleurs notre conviction sur la curabilité de cette maladie, d'affirmer, pour tel ou tel cas particulier, son extinction définitive. Mais, par une sorte de compensation, c'est dans l'observation même de ces récidives, dans l'étude comparative de leur nombre, de leur durée, du temps qui les sépare et des accidents qui les constituent, que nous allons trouver, pour résoudre la question présente, je ne dirai pas un critérium infaillible, mais du moins, une somme de probabilités équivalant à la certitude.

Or, d'après les recherches statistiques de M. Diday, pour les syphilis fortes le temps le plus long écoulé entre deux poussées successives a été de 139 jours.

Et pour les syphilis faibles, ce temps a été de 302 jours.

« Un coup d'œil jeté sur cette statistique, ajoute M. Diday, suffit à résumer l'enseignement que j'en veux déduire. Il montre la différence essentielle qui existe, quant à leur évolution, entre la vérole forte et la vérole faible. Dans la première, une série de poussées nombreuses et séparées par de courts intervalles; dans la seconde, un nombre moins considérable de poussées, espacées par de longs intervalles. Ce résultat est acquis à l'histoire empirique de la syphilis, il ne demeurera point stérile pour celui qui saura y chercher un élément de pronostic. »

Cet élément de pronostic, au point de vue qui nous occupe en ce moment, se trouve tout entier, selon nous, dans les *trois cent deux jours*, temps maximum indiqué par la précédente statistique entre deux poussées successives d'accidents secondaires. Ce chiffre n'est pas, sans doute, le dernier mot de la science, peut-être bien, trouverait-on, en examinant un plus grand nombre de cas, un maximum plus élevé, mais pas de beaucoup cependant, si je m'en rapporte à mon expérience propre. Sur des centaines de syphilitiques que j'ai traités, tant à mon dispensaire que dans ma clientèle privée, je n'ai vu que très exceptionnellement certains d'entre eux être atteints de nouveaux accidents, *après qu'une année entière s'était écoulée depuis la disparition du dernier symptôme de leur maladie*. Et encore n'ai-je pu, dans aucun de ces cas, acquérir la certitude que, durant cet intervalle, nul autre accident intermédiaire ne s'était produit. Presque toutes les récidives que j'ai pu observer chez des malades qui, se croyant guéris, avaient cessé de revenir me consulter, ont eu lieu dans les six mois qui avaient suivi l'abandon du traitement. J'ai vu aussi, chez quelques-uns, la syphilis se perpétuer pendant plusieurs années, par une suite d'accidents secondaires peu graves, il est vrai, mais se succédant sans interruption ou à des intervalles plus ou moins rapprochés.

En résumé, je crois pouvoir établir que tout individu qui, ayant eu une syphilis bénigne ou de moyenne force convenablement traitée pendant quinze à dix-huit mois, *a passé une année sans être atteint d'aucun autre accident, peut être considéré comme guéri.* On pourrait donc, à la rigueur, lui permettre aussitôt de se marier. Mais, comme en pareille matière, on ne saurait prendre trop de précautions, j'ai pour habitude, quand rien ne s'y oppose, de demander, comme temps d'épreuve, une année de plus. Et quand le mariage est décidé, j'exige encore de mon client qu'il se soumette, *ante nuptias*, et pendant deux ou trois mois, à un nouveau traitement spécifique. Cette mesure de prudence est pour moi la condition invariable et *sine qua non* de mon adhésion, dans cette circonstance, à tous les projets d'union pour lesquels je suis consulté.

Ces conditions remplies, j'affirme que l'individu, si c'est un homme, et s'il jouît d'une bonne constitution, a les plus grandes chances, en se mariant, d'obtenir une progéniture intacte. Pour mon compte, je n'ai jamais vu le contraire arriver, et je pourrais citer bon nombre de mes clients qui, mariés de la sorte, n'ont jamais eu à le regretter.

Mais, nous dira-t-on, on a vu, et vous-même en avez cité des exemples, certaines syphilis d'apparence bénigne que l'on croyait guéries depuis longtemps, revenir après plusieurs années sous des formes graves, produisant alors soit un sarcocèle, soit des gommes, des exostoses ou tout autre accident de la période tertiaire. Cela est vrai ; mais remarquons que ces faits sont assez rares pour ne pas infirmer la règle : c'est-à-dire la curabilité de la syphilis légère ou de moyenne force dans la généralité des cas. — Nous ajouterons que, n'étant pas contagieux à cette période, ils ne sauraient être dangereux pour la femme et, consécutivement, pour sa descendance. — Les prendre comme prétexte pour interdire le mariage à tout homme qui a eu la syphilis serait, indépendamment du dommage social qui en résulterait, faire preuve d'une pusillanimité excessive et sans raison. Ajoutons qu'en obéissant à de tels scrupules, il n'y aurait aucun motif pour ne pas frapper de la même interdiction tous les individus qui, dans leur enfance, auraient eu quelques symptômes, si légers qu'ils aient été, de maladies constitutionnelles et héréditaires : dartre, scrofule, arthritis, etc., dont la guérison définitive n'est jamais mieux assurée que celle de la syphilis. Une telle mesure, si elle était possible, profiterait assuré-

8.

ment à la santé publique et au perfectionnement de l'espèce ; mais qui ne voit qu'elle réduirait peut-être de moitié le chiffre de la population !

Syphilis grave. — La maladie s'est présentée sous cette forme dès son début, ou ne l'a prise que plus tard. Ses manifestations, malgré le traitement, ont été de plus en plus accentuées ; ses récidives nombreuses et rapprochées se sont traduites par des accidents chaque fois plus profonds et plus tenaces. Le malade porte des traces récentes de pustules d'ecthyma, des cicatrices de rupia ou de tubercules ulcérés ; ses cheveux sont éclaircis ; sa peau est sèche, terne, rugueuse ; sa constitution affaiblie est fortement altérée. La vérole, en un mot, menace de passer à l'état tertiaire, si déjà elle n'y est parvenue.

Le mariage, dans ce cas, serait, pour le médecin qui le permettrait, une faute impardonnable ; pour l'individu qui s'y engagerait, une mauvaise action. Aucune transaction n'est ici possible, quelque pressants que soient les motifs ou les intérêts qui sollicitent le malade à se marier. Tout au plus pourrait-on, plus tard, l'affranchir de cette interdiction, si, par l'action combinée d'une hygiène sévère et d'un traitement rigoureux, sa santé se rétablissait et se maintenait intacte pendant plusieurs années.

Faisons remarquer cependant que certaines syphilis, malignes dès le début, caractérisées par des poussées successives de pustules humides guérissent bien et complètement. La puissance virulente du germe pathogène s'épuise vite par sa violence même. Il est donc évident qu'après une période d'attente de trois années au moins, si aucun autre accident ne s'était montré dans cet intervalle, le mariage pourrait être dûment autorisé. La période de trois ans peut même être considérée comme exagérée puisque, d'après Diday, le plus grand intervalle qui ait séparé deux éruptions successives dans une syphilis forte a été de 130 jours.

Conclusion. — Ajoutons, pour conclure, que, dans tous les cas, et quelque rassurantes que soient d'ailleurs les apparences de guérison, d'après lesquelles on croira pouvoir permettre le mariage à un individu qui a eu autrefois la syphilis, on devra engager celui-ci, une fois marié, à s'observer chaque jour minutieusement, et à s'abstenir aussitôt de tout rapport avec sa femme, s'il constatait le retour du plus léger symptôme d'apparence suspecte.

La plupart des médecins conseillent à leurs malades atteints de syphilis invétérée l'usage des eaux minérales sulfureuses. Ces eaux sont, en effet, d'un puissant secours dans le traitement de cette maladie, surtout dans ses périodes ultimes. Je ne saurais donc trop en recommander l'emploi.

Mais je dois m'élever ici contre un préjugé dangereux et malheureusement trop répandu. On croit généralement, et il n'est personne qui n'ait entendu dire que les bains sufureux fournissent un critérium infaillible, au moyen duquel un individu qui a eu autrefois la syphilis, mais dont il ne présente actuellement aucune manifestation, peut savoir s'il en est complètement délivré. Si la maladie, dit-on, persiste à l'état latent, les eaux sulfureuses la remettront aussitôt en évidence par quelque éruption spéciale; le contraire aura lieu si elle est éteinte. Or, j'ai vu des malades chez qui les bains sulfureux les plus excitants, en particulier ceux de Bagnères-de-Luchon, n'ont produit aucune poussée syphilitique, et qui, plusieurs mois après, alors qu'ils se croyaient guéris et, l'occasion s'y prêtant, auraient cru pouvoir se marier sans crainte, ont cependant été repris de nouveaux accidents.

J'ai cru de mon devoir d'appeler l'attention sur ce fait, déjà signalé par quelques auteurs, entre autres, par MM. Gubler, Desnos, Durand-Fardel et par mon ancien élève et collaborateur, M. le docteur Evariste Michel, inspecteur des eaux de Cauterets, afin de mettre les malades en garde contre une sécurité trompeuse, dont il est facile de comprendre les inconvénients et le danger.

Justification d'un traitement suffisant régulièrement suivi.

— Quelle doit être, en moyenne, la durée du traitement spécifique nécessaire pour guérir la vérole, et à quelles doses convient-il d'administrer les remèdes?

Voici la réponse que nous faisions à cette question, en 1867, dans la première édition de nos *Aphorismes* :

Dans les syphilis faibles ou de moyenne intensité, *quinze à dix-huit mois* de traitement sont au moins nécessaires pour obtenir une guérison sur laquelle on puisse généralement compter. (*Loc. cit.*, p. 144).

Cette réponse, nous l'avons intégralement reproduite dans la deuxième édition du même livre (1875), et nous la maintenons encore aujourd'hui, fortifiée par une expérience personnelle plus longue de quatorze années.

Quant *aux doses des remèdes* (mercure et iodure de potassium), tout en cherchant à les proportionner à l'intensité des accidents qu'il s'agit de combattre, l'expérience nous a encore appris que, pour le mercure surtout, et en particulier pour le sublimé, auquel nous donnons la préférence sur tous les autres agents mercuriels, les *doses faibles*, s'arrêtant bien en deçà de la limite où le médicament pourrait devenir dangereux, sont suffisantes dans tous les cas ordinaires, et qu'il est bien rare qu'il faille en continuer l'usage au delà d'une année. Le reste de la besogne incombe à l'iodure de potassium, que nous prescrivons, bien moins pour guérir les accidents secondaires, contre lesquels il ne possède qu'une efficacité douteuse, que pour prévenir les accidents, bien autrement redoutables, de la période tertiaire.

SYPHILIS DANS LE MARIAGE.

Un syphilitique, encore dans la période virulente, contagieuse de son mal, passe outre aux recommandations qui lui sont faites, se marie quand même, ou, ce qui est plus fréquent, un homme marié contracte la syphilis dans un moment d'oubli, que faut-il faire ? D'une façon ou de l'autre, voilà la syphilis installée dans le ménage... Il s'agit maintenant de l'empêcher de s'y propager, d'établir autour d'elle un cordon sanitaire qui puisse en protéger la femme et ses enfants à venir. Tel est le but que doit se proposer le médecin, but difficile à atteindre au milieu des conditions si favorables à la contagion que créent, à chaque instant, les exigences de la vie en commun.

Séparer les époux jusqu'à la disparition de tout symptôme contagieux serait, sans doute, le moyen le plus efficace; mais ce moyen est bien rarement praticable. A moins de circonstances favorables et tout à fait exceptionnelles, comment justifier cette séparation, une séparation de plusieurs mois peut-être, sans faire l'aveu d'une faute qu'il faut cacher, ou sans en éveiller le soupçon ?... Toutefois, s'il n'est pas possible au mari, — je suppose toujours que c'est lui le coupable, — d'interrompre complètement ses rapports avec sa femme, il lui sera généralement facile, sous divers prétextes, d'en restreindre la fréquence, et de diminuer ainsi, tout en évitant le soupçon, les chances de contagion dont celle-ci est menacée.

Remarquons en outre que la seule lésion secondaire vraiment dangereuse dans les rapports sexuels, la plaque muqueuse — je ne parle pas du chancre qui exige lui une séparation absolue et pour laquelle il faut à tout prix trouver un expédient — la plaque muqueuse, dis-je, se produit assez rarement, chez l'homme, sur l'organe indispensable à l'accomplissement du devoir conjugal, circonstance qui pourra rendre moins épineuse encore la tâche du malheureux mari, placé entre le louable désir de maintenir la paix dans son ménage et l'horrible crainte de communiquer sa maladie.

Mais si les lésions secondaires se montrent assez rarement sur la muqueuse du gland ou du prépuce, elles sont, en revanche, d'une extrême fréquence, surtout chez l'homme, dans la cavité buccale. Il est bien rare, en effet, qu'un homme atteint de syphilis constitutionnelle parvienne au quatrième mois de sa maladie sans présenter dans cette région quelque accident de ce genre. Plaques muqueuses, ulcérations secondaires des lèvres, de la langue, du voile du palais, des amygdales, voilà, sans contredit, la source la plus féconde, le foyer le plus actif de l'infection syphilitique. C'est là qu'est le danger ; c'est sur ces points, par conséquent, que devront se porter toute la sollicitude et l'attention du malade. Qu'il s'examine donc fréquemment; qu'à l'aide d'un bon miroir et d'une lumière artificielle, bien préférable pour cela à celle du jour, il passe en revue, chaque soir, ses lèvres, sa langue, le fond de sa gorge ; et, s'il y découvre la moindre apparence suspecte, qu'il évite aussitôt tout contact, toute caresse labiale capable de transmettre le poison morbide. Qu'il prenne garde aussi que sa femme ou toute autre personne se serve après lui de son verre, de sa cuiller ou d'un objet quelconque qu'il aurait pu porter à ses lèvres.

Toutes ces précautions sont pénibles, difficiles, j'en conviens ; elles exigent deux qualités rares chez l'homme : la volonté et la persévérance. Mais aussi quelle ne sera pas la satisfaction de celui à qui pareil malheur est arrivé, quand, pour prix de quelques mois de gêne et de contrainte, il aura su à la fois sauvegarder la paix de son foyer et conserver l'espoir d'obtenir une progéniture intacte.

Je n'ai pas besoin d'ajouter que le médecin, dans cette circonstance, devra soumettre son malade à un traitement d'autant plus énergique, que l'intérêt qui s'attache à sa guérison se trouve plus que doublé, puisqu'il s'agit de préserver en même temps sa femme et ses enfants à venir. Et, à ce propos, il sera bon que le médecin, s'il ne peut complètement interdire à son client ses devoirs d'époux, lui fasse au moins comprendre la nécessité de s'astreindre à certaines précautions ayant pour but d'en éluder le résultat possible. Bien que la transmission héréditaire de la syphilis par l'influence exclusive du père soit chose très rare, mieux vaut cependant, n'en déplaise à quelques casuistes, se soustraire momentanément à la loi du mariage, que de courir la chance, si petite qu'elle soit, de donner le jour à un enfant vérolé, qui peut-être même infectera le sein maternel, s'il est vrai, comme l'a dit M. Depaul, que le fœtus puisse transmettre à celle qui le porte le germe infectieux qu'il aurait reçu de son père.

Et maintenant un dernier conseil aux maris qui se trouvent dans la triste situation que je viens de décrire. Qu'ils évitent surtout toute faiblesse de cœur, tout mouvement de sensibilité qui pourrait les porter à avouer leur faute. « Péché avoué est à moitié pardonné, » dit le proverbe ; mais une femme ne pardonne point un tel aveu. Si donc ils regrettent ce qu'ils ont fait, qu'ils gardent pour eux seuls leur repentir, et qu'ils n'oublient jamais cet alexandrin menaçant :

Une femme a toujours une vengeance prête !

LETTRES A ÉMILE

DEUXIÈME PARTIE

PROPHYLAXIE DU CHARLATANISME

PREMIÈRE LETTRE

CONSIDÉRATIONS GÉNÉRALES SUR LE CHARLATANISME MÉDICAL;
SA MANIÈRE D'ENTENDRE ET DE PRATIQUER LA CONSULTATION GRATUITE.

Chercher à se garantir du mal vénérien, rien de mieux; mais ce n'est pas tout. Reste encore, quand on y est tombé, à se garer de cette autre vermine non moins vorace, le charlatanisme médical, qui grouille et pullule partout où la liberté des mœurs lui donne l'espoir d'y trouver facile et abondante pâture.

Charlatan vient du verbe italien *ciarlàre*, parler fort et beaucoup, en bon français, *bla-*

guer. Bien nommé, n'est-ce pas? *Vulgus vult decipi, decipiatur*, disent les charlatans, pour justifier leur nom. Traduisez: la blague et le vol, avec l'agrément du public et du code pénal. Vieille maxime, qui, de tout temps, servit de devise au charlatanisme, dont l'origine se perd dans la nuit des âges préhistoriques, de l'âge du bronze, au moins, qui inventa la monnaie.

« Le charlatanisme médical, dit le docteur Piogey, dans son excellente monographie de cette lèpre sociale, remonte aux temps les plus reculés. Le premier malade a dû rencontrer un homme compatissant, qui, par cette inspiration instinctive, naturelle aux êtres primitifs, a été conduit à trouver la plante qui pouvait le guérir, et à en faire l'application. Mais la pureté des intentions, les généreux sentiments de l'homme, médecin par nature, ont été combattus aussitôt par un être pervers, qui a exploité la souffrance et l'intelligence affaiblie [1]. »

Nous aimons les définitions nettes. Nous nous en tiendrons donc, pour le charlatanisme médical, à celle que nous venons d'en donner: la

1. *Du charlatanisme médical et des moyens de le réprimer.* Broch. in-8, Paris, 1853.

blague et le *vol*. Malheureusement, l'envie, la basse envie, *invidia pessima*, a beaucoup trop étendu parmi nous la signification de ce mot. Charlatan, se plaisent à dire certains médecins, de tout confrère qui a le tort de s'élever d'un millimètre au-dessus d'eux en talent et en succès; charlatan, le praticien qui trouve un remède nouveau, et qui se permet, surtout si le remède est bon, de le publier ailleurs que dans son testament; charlatan, le jeune docteur qui n'attend pas l'âge de quatre-vingts ans pour ouvrir une clinique, publier quelques mémoires, écrire un livre sur lequel il espère fonder sa réputation, etc., etc. Le moindre tort d'un tel abus de langage, renouvelé de Basile, est de favoriser, en les comblant de joie, les vrais charlatans, que le public n'a déjà que trop de tendance à confondre avec les médecins. Ils se disent, qu'après tout, ils n'ont point tant à regretter ce qu'ils font, voyant si facilement affubler de leur nom ceux qui suivent le droit chemin. Basile, mon ami, si tu sais ce que vaut la calomnie, tu sais pourtant aussi ce qu'il en coûte de cracher en l'air!

Nous n'avons point, Dieu merci, à nous occuper ici du charlatanisme en général; de tous ces guérisseurs, avec ou sans diplôme, du cancer et de la cataracte, en soufflant dessus; de tous ces empiriques, vendeurs de drogues inutiles contre la phthisie, les dartres, l'asthme et la goutte, sans compter les magnétiseurs, somnambules, sorciers uropathes, faiseurs de miracles, rebouteurs, etc. Cette grave question d'hygiène sociale a d'ailleurs été traitée, avec une compétence et une autorité que nous ne saurions y apporter nous-même, par une foule de médecins, et des plus distingués, Piogey, Trousseau, Amédée Latour, tout récemment encore, par le docteur Ad. Piéchaud; tous réclamant une révision de nos lois, notoirement insuffisantes, contre ce que l'un d'eux a justement appelé le *brigandage médical.*

Ne voulant point sortir de notre sujet, nous nous bornerons à mettre sous les yeux de nos lecteurs quelques exemples des aimables pratiques du charlatanisme dans l'exploitation des maladies vénériennes et des voies urinaires, qui de tout temps, on le sait, ont eu le privilège de lui fournir ses meilleurs tremplins. Mieux vaut l'exemple que la parole. Quelques faits, choisis parmi les plus vulgaires, et dont nous avons été, pour la plupart, personnellement témoin, feront plus que de longs discours pour éclairer ce bon public, toujours prêt pour l'hameçon, quand il s'agit de sa santé.

Observation I. — M. X..., voyageur de commerce, vint un jour me consulter pour une chaudepisse datant d'environ trois semaines. Après avoir constaté la maladie, qui était encore à l'état aigu, je lui demandai, suivant l'usage, quel traitement il avait suivi avant de venir me voir.

— Docteur, me dit-il, je l'ignore absolument. Tout ce que je sais, c'est que je ne vais pas mieux. Pendant un voyage que je faisais en Chine, il y a deux ans, j'avais souvent lu dans les journaux de Pékin l'annonce d'un traitement gratuit et incomparable, par un certain docteur Tir Lèn, médecin de la Faculté de Paris, membre de plusieurs Académies et autres sociétés non moins savantes du Kamtchatka. Me trouvant « pincé », j'eus l'idée de profiter au moins de ce désagrément pour voir de près ce grand philanthrope, digne émule de Richard Wallace, dépensant, rien qu'en frais de publicité, quelque chose comme trente ou quarante mille francs par an, pour appeler à lui, consoler et soulager gratuitement les malheureux... en amour.

Ma curiosité satisfaite, je sortis de chez lui, emportant dans mes poches : une bouteille de sirop dépuratif, une boîte de pilules, dites siccatives, et une fiole contenant un liquide souverain pour injections. Coût 15 francs... J'étais, je vous l'avoue, quelque peu désillusionné ; mais en y réfléchissant, je me dis, qu'après tout, je restais encore l'obligé de cet excellent Chinois, qui, s'il m'avait fait payer ses drogues un peu cher, m'avait du moins dispensé gratis les trésors de son vaste savoir, ce qui me décida... à n'y plus retourner.

On m'a dit aussi, mais ce sont assurément de mauvaises langues, que le double titre de docteur et de médecin de la Faculté de Paris, que font sonner bien haut certains de ces guérisseurs, cacherait le plus souvent un de ces diplômes exotiques de Philadelphie, d'Erlangen, de Giessen, d'Iéna ou autres Facultés transcendantes, dont le premier venu peut se parer moyennant finances, et que les susdites Académies et Sociétés savantes, dont ces bons Chinois se vantent de faire partie, se réduisent toutes à un seul membre, ayant pour président son concierge, et pour trésorier son colleur d'affiches.

Cette observation nous offre le modèle parfait de la manière dont les charlatans entendent et pratiquent la *consultation gratuite.* La maladie vénérienne la plus commune, celle qui leur amène le plus de clients, la blennorrhagie, n'exige à son début qu'un traitement des plus simples : quelques injections légèrement astringentes, un régime doux, et pour tisane, de l'eau de goudron ou une infusion quelconque. Si vous prenez, pour commencer, les antiblennorrhagiques spéciaux, copahu et cubèbe, tout est perdu. Ces deux médicaments, qui produisent généralement bon effet quand ils sont administrés en temps opportun, ne réussissent jamais dans la période aiguë de la maladie, et, chose plus fâcheuse encore, restent inactifs quand le moment serait venu d'en tirer parti, l'organisme s'y étant peu à peu accoutumé. C'est même là une des principales causes du passage si fréquent de cette maladie à l'état chronique.

Mais alors, direz-vous, comment, pour le charlatan, payer ses frais de boutique, ses innombrables affiches, ses annonces et réclames dans les journaux, qui lui coûtent des sommes énormes, si, pour chaque chaudepisse qui vient implorer sa philanthropie, il se contentait d'offrir au porteur une simple fiole de liquide à injections, valant un franc, et pour deux sous de goudron ou de bois de réglisse ? Rassurez-vous. Comme pour les ivrognes, il y a un Dieu pour les charlatans. Ce Dieu, ce sauveur, ce pourvoyeur de la caisse, c'est... le DÉPURATIF ! Mot magique, dépourvu de sens, et par cela même, toujours gros pour le malade de séduisantes promesses ; remède souverain, panacée, bonne à tout faire, le vide surtout dans la poche du client. Donc, le dépuratif est là, toujours là, dans sa vitrine, attendant le moment psychologique où le pauvre patient ouvrira sa bourse devant les engageantes perspectives que va lui ouvrir le charlatan : Au premier plan, sang vicié, humeurs répandues, glandes engorgées et transformées en outres purulentes; au second plan, la dartre, la hideuse dartre, la carie, la nécrose, l'épilepsie, la cachexie, etc.; et au dernier plan, dans le lointain de l'avenir, de pauvres petits bébés scrofuleux, rachitiques, maudissant le père qui leur a donné le jour!... Au besoin, le dessin vient au secours de la parole. Dans la salle d'attente sont appendues des gravures coloriées représentant les plus horribles plaies : nez rongés par la vérole, ulcères phagédéniques labourant la peau, verge et testicules amputés par la gangrène, rien n'y manque pour terrifier le malade. Et alors, en avant boîtes et flacons, pilules, bols, capsules et dragées, essences, robs, teintures, élixirs, sirops dépuratifs, tous dépuratifs ! Il y en a pour tous les goûts. Et tout cela pour une simple chaudepisse ! ! !

Nous sommes cependant encore au-dessous de la vérité. En doutez-vous ? Faites-en l'expérience, en y allant vous-même. Et vous verrez, proh pudor ! *qu'il n'est même pas nécessaire d'être malade* pour en sortir le gousset vide et les poches remplies de drogues. Témoin le fait suivant :

Observation II. — Un homme d'une trentaine d'années grand, fort et bien constitué (c'était un ouvrier sculpteur-ornemaniste) entrait un jour dans mon cabinet et, sans mot dire, tirait de dessous son vêtement : 1° une bouteille de sirop dépuratif ; 2° une boîte contenant une centaine de pilules, dites bols de Perse ou d'Arménie ; 3° plusieurs paquets renfermant une poudre blanche pour tisane ; 4° un pot de pommade au précipité rouge (bioxyde de mercure).

— Monsieur, me dit-il, après avoir déposé sa cargaison sur mon bureau, je suis allé hier consulter un célèbre médecin de la Faculté de Paris. Croyez bien que lorsqu'il s'agit de ma santé, je ne m'adresserais pas au premier venu. Ce médecin, ses affiches en font foi, est *maître en pharmacie, ex-pharmacien des hôpitaux de Paris, professeur de médecine et de botanique, membre de plusieurs sociétés savantes, honoré de médailles et de récompenses nationales, etc., etc.*

C'est, comme vous le voyez, un grand savant, et il me l'a bien prouvé. Un simple coup d'œil lui a suffi pour reconnaître immédiatement ma maladie. qu'il a sans doute jugée fort grave pour m'avoir ordonné tant de choses à la fois. Le tout m'a coûté 22 francs, mais je ne m'en plains pas, car aux grands maux les grands remèdes !

— Mais alors répliquai-je, pourquoi venez-vous me trouver aujourd'hui ?

— Ah ! voilà. C'est qu'un de mes camarades, que j'ai vu ce matin, et à qui je racontais mon histoire, m'a affirmé que le médecin que j'ai consulté hier est mort depuis plus de vingt ans.

— Vous voulez dire, sans doute, celui que vous avez cru consulter.

— Oui, le maître en pharmacie, ex-pharmacien des hôpitaux, professeur, etc., etc. Vous comprenez que cela m'a jeté un froid et donné le trac, comme on dit. C'est pourquoi j'ai désiré avoir votre avis avant de m'ingurgiter ses remèdes.

— Montrez-moi votre mal.

— Le voici, docteur, regardez bien, cette rougeur sur le gland...

— Est-ce là tout ?

— Mais oui, docteur, je le crois du moins. Car jamais, jusqu'à présent, je n'avais rien attrapé. Ni chaudepisse, ni chancre, ni poulain, pas même le plus petit bouton sur le corps.

— Eh bien! mon ami, rassurez-vous, vous en êtes toujours là. Cette petite rougeur, que votre médecin ressuscité aura sans doute prise pour un chancre, ne me prouve qu'une chose : le peu de soin que vous prenez de vous-même. Quelques grands bains, une ablution chaque matin avec de l'eau fraîche, et votre rougeur disparaîtra bientôt pour ne plus revenir, si toutefois vous continuez à vous tenir propre. Vous n'avez besoin d'aucun médicament. Remportez toutes ces drogues et gardez-les précieusement. Vous n'aurez pas perdu votre argent, si elles peuvent vous rappeler à l'avenir que, si les charlatans meurent comme les autres, le charlatanisme est immortel.

Nos lecteurs ont deviné, sans doute, qu'il s'agit ici du fameux docteur Chaumonot, dit Charles Albert, mort en 1848. « Ce médecin, qui, pour ainsi dire, a créé la réclame en médecine, dit M. Piogey, fit une fortune rapide. Lorsqu'il voulut vendre son exploitation, le prix, basé sur le rapport, en fut si élevé, qu'elle ne put être acquise que par une Société. Aujourd'hui, chaque actionnaire perçoit des bénéfices en raison de sa mise de fonds; des mercenaires à gages donnent les consultations et les exécutent. Le fondateur est mort, mais l'annonce est toujours là, appuyée sur des titres mensongers pour la plupart, ou présentés de façon qu'on leur attribue une grande importance. La seule modification que cette annonce a subie, c'est que les affiches et les réclames dans les journaux portent: TRAITEMENT DU DOCTEUR, au lieu de TRAITEMENT PAR LE DOCTEUR CH. ALBERT. Il faudrait être bien roué en exploitation de réclame pour deviner la supercherie. » (*Loc. cit.*, p. 15.)

Mais, ajoute un peu plus loin M. Piogey, « non seulement les vivants donnent des consultations, mais les morts même répondent aux lettres qui leur sont adressées. Ainsi, M. Ch. Albert, décédé depuis cinq ans (M. Piogey écrivait en 1853), a répondu, à la date du 16 juin 1853, à une lettre qui lui avait été adressée la veille :

Je puis d'autant mieux vous guérir radicalement et promptement, je l'espère, que je m'occupe spécialement de la maladie dont vous êtes atteint. Veuillez donc vous donner la peine de venir me voir, et j'espère que vous serez satisfait de mes bons soins et de ma discrétion.

Signé : « CH. ALBERT. »

Si nous ne craignions pas de retenir trop longtemps l'attention de nos lecteurs sur ces sujets peu réjouissants, nous pourrions faire suivre l'observation qui précède d'une foule d'autres du même genre, toutes prouvant ce que nous avons avancé, savoir : qu'en s'adressant aux charlatans, *il n'est même pas nécessaire d'être malade* pour être par eux drogué et dévalisé. Nous ne pouvons cependant résister au désir de reproduire ici un fait analogue, que nous trouvons dans l'excellent mémoire du docteur Piéchaud, sur l'*Usurpation des titres médicaux et le charlatanisme*[1]. Ce fait est d'autant plus piquant, que le héros de l'aventure était une de nos célébrités chirurgicales, le

1. Brochure in-8. Paris, 1878.

docteur Voillemier, chirurgien de l'Hôtel-Dieu, mort depuis peu. Nous copions textuellement.

Observation III. — Le docteur Voillemier avait autrefois l'habitude de faire visite, en appareil très simple, aux charlatans en renom. Il voulait se rendre compte par lui-même de leurs procédés. Simulant une maladie dont il n'avait pas le plus petit vestige, il va voir un de ces guérisseurs réputé très habile. Celui-ci l'examine avec soin, reconnaît qu'il n'y a plus trace d'affection à l'extérieur, mais que pourtant *l'état des parties internes lui annonçe qu'il y a menace d'accidents prochains*. Et il remet au docteur Voillemier un flacon dont le coût est de 30 francs.

Le docteur Voillemier trouve que c'est payer un peu cher sa curiosité scientifique, et objecte qu'il n'est pas en situation de faire ce sacrifice. Un débat s'engage entre le chirurgien et le charlatan, débat à la suite duquel le flacon reste entre les mains du chirurgien pour le prix de 20 francs. Le docteur Voillemier, aussitôt rentré chez lui, fit l'analyse du liquide contenu dans le flacon, et y trouva 1gr,50 de nitrate d'argent pour 100 grammes d'eau distillée. Solution très capable, disait le docteur Voillemier, racontant ce fait à l'amphithéâtre de l'Hôtel-Dieu, de causer la maladie au lieu d'en être le remède (*loc. cit.* p. 17).

Si tous les charlatans, comme le font certains d'entre eux, se contentaient de rançonner leurs clients, malades ou en bonne santé, en les comblant de drogues inutiles, mais inoffensives, nous n'aurions rien à y redire, la chose se faisant avec l'agrément, sinon pour l'agrément des gens assez... naïfs pour s'y laisser prendre et y retourner. Mais là où il n'est plus permis au médecin de se taire, c'est devant ce charlatanisme sans honte et sans frein, faisant appel à toutes les voix de la publicité pour offrir à tous les malades indistinctement et même aux valides, des médicaments dangereux, pouvant devenir de redoutables poisons, pris en dehors des cas particuliers auxquels ils sont applicables. Et cela — pour un d'entre eux, du moins, le MERCURE, — sous le couvert et avec la soi-disant APPROBATION de notre ACADÉMIE DE MÉDECINE, qui, de nos jours encore, se laisse ainsi traîner, sans mot dire, aux gémonies de la réclame, jusque dans la fange des urinoirs !

Dans le courant de l'année 1832, feu le docteur Ollivier (de Paris) soumettait au jugement de l'Académie de médecine des biscuits auxquels il avait eu l'idée d'incorporer du bichlorure de mercure (sublimé corrosif), pour le traitement de la syphilis. Sur un rapport favorable du docteur Emery, et à la suite d'une discussion assez obscure, l'Académie, malgré la protestation de plusieurs de ses membres, les docteurs Guibourt, Pelletier, Soubeiran et Louis, crut devoir, dans sa séance du mardi 2 octobre 1832[1], accorder au docteur Ollivier, qui, sans doute, y comptait beaucoup d'amis, une indemnité de six mille francs. Comment cette indemnité s'est transformée plus tard en une *récompense nationale de vingt-quatre mille francs*, disent maintenant les affiches Ollivier et Cie, je l'ignore. Mais ne discutons pas sur les chiffres. Six mille francs, c'était déjà beaucoup pour une préparation qui ne valait ni plus ni moins que de simples pilules, celles de Biett ou de Dupuytren par exemple, lesquelles avaient

1. Voici un extrait du procès-verbal abrégé de cette séance, inséré dans la *Gazette des hôpitaux* du jeudi 4 octobre 1832 :

Après la lecture de la correspondance, M. Émery lit son rapport sur les *Biscuits mercuriels* de M. Ollivier, et conclut à ce que le gouvernement achète le secret et paye à l'auteur douze cents francs de rente perpétuelle sur le Grand-Livre.

— M. Guibourt pense que M. Ollivier n'est pas l'inventeur de la *Méthode alimentaire mercurielle* (le mot est joli), qu'il a seulement perfectionnée.

M. Pelletier est d'accord avec M. Guibourt. On ne peut assurer que le sublimé passe dans les biscuits à l'état de mercure doux (calomélas).

— M. Émery se fonde sur le désaccord des chimistes pour soutenir que la préparation de M. Ollivier est nouvelle.

— M. Soubeiran croit qu'il n'y a pas invention dans la méthode de M. Ollivier; car on prépare depuis longtemps des pilules mer-

même et ont gardé sur les susdits biscuits le double avantage d'être plus faciles à prendre et de coûter moins cher.

Mais ce qui valait bien plus que la récompense pécuniaire, si grande qu'elle fût, c'était cette malheureuse APPROBATION DE L'ACADÉMIE, si légèrement accordée, et qui allait devenir pour la pâtisserie mercurielle Ollivier et Cie la poule aux œufs d'or, oiseau superbe et de rare fécondité, qui, depuis bientôt un siècle, n'a cessé et ne cessera de pondre, tant que l'Aca-

curielles avec le gluten, et on fait prendre le bichlorure de mercure dans du lait, ce qui est là de la méthode alimentaire.

— M. Pelletier propose de considérer la médication mercurielle de M. Ollivier comme un remède purement empirique. En chercher la nature, c'est tomber dans le *pot au noir* (rire général).

La proposition de M. Pelletier est mise aux voix et rejetée.

— M. Louis voudrait, avant tout, que l'on décidât si les préparations mercurielles ont un grand effet dans la syphilis (rire général, exclamations de surprise).

— M. Double demande que l'on pose d'abord la question : si le médicament est nouveau.

Cette question est posée et résolue par la négative. Dès lors on ne saurait mettre aux voix la question de savoir si le gouvernement doit acheter le secret.

M. Bally propose alors de voter une indemnité pour le perfectionnement et les dépenses de M. Ollivier.

Une indemnité de *six mille francs* est proposée et adoptée par l'Académie.

La séance est levée à cinq heures.

démie elle-même ne cessera de dorer ses biscuits.

Toutefois, pour tirer ce brillant parti de l'approbation académique, il devenait nécessaire de lui faire subir quelques modifications. Produite au grand jour, telle qu'elle était sortie du vote, cette approbation ne pouvait fournir que de maigres résultats. Il fallait donc, tout en lui laissant son prestige de haute provenance officielle, la changer complètement dans ses termes et dans son esprit.

Ce que l'Académie avait voulu récompenser dans la personne du docteur Ollivier n'était, nous venons de le voir, qu'un nouveau mode d'emploi du mercure, qui lui avait semblé, à tort ou à raison, préférable aux anciens : c'était, en un mot, ses BISCUITS MERCURIELS. Mais, si bonne que fût l'invention, inscrire en toutes lettres sur les affiches et dans les réclames *Biscuits mercuriels*, mauvaise affaire! Ce diable de mercure inspire à tous les malades une horreur invincible, contre laquelle ne saurait prévaloir aucune approbation académique, vînt-elle du Céleste-Empire. Il fallait donc commencer par changer la désignation des susdits biscuits, en substituant au mot *mercuriels*, qui était le vrai, mais qui repousse, le mot DÉPURATIFS, absolument faux et vide de sens, mais qui attire et attirera toujours la foule ignorante. Ainsi fut fait.

Une autre difficulté s'offrait encore. L'Académie, en approuvant des biscuits mercuriels, avait naturellement pensé, sans qu'elle crût nécessaire d'en faire la réserve, la chose allant de soi, que leur emploi serait exclusivement limité aux seuls cas où le mercure peut être utile, c'est-à-dire contre certaines manifestations de la syphilis constitutionnelle. Mais alors, si répandue que soit la syphilis, restreindre la vente aux syphilitiques seuls, mauvaise affaire encore! On n'aurait jamais qu'un nombre insuffisant de mangeurs de biscuits..... Allons, du courage! *Audentes fortuna juvat*, Que le nom de dépuratifs, désormais accolé aux biscuits, ne reste pas un vain mot. Qu'ils deviennent, ces bons biscuits, une panacée universelle.

Et alors parut dans tous les journaux, dans des prospectus tirés à des centaines de mille exemplaires, l'interminable réclame Ollivier, ayant pour titre : MÉDECINE RATIONNELLE!!! Et dans cet audacieux factum, dont nous avons en ce moment sous les yeux un des derniers spécimens, inséré dans le journal *La France* (21 novembre 1878), nous voyons, oui nous voyons, sous le nom fallacieux de *biscuits dépuratifs Ollivier*, et sous le patronage, vingt fois invoqué, de l'ACADÉMIE NATIONALE DE MÉDECINE et même du GOUVERNEMENT, nous voyons proposé *urbi et orbi*, vanté sur tous les tons, et recommandé contre TOUTES LES MALADIES DES DEUX SEXES ET DE L'ENFANCE..... quel remède, grands dieux! le MERCURE. Oui, le mercure; car, ne l'oublions pas, les biscuits Ollivier n'ont leur raison d'être, et n'ont été approuvés et récompensés par l'Académie que pour le mercure qu'ils renferment, et nous ne ferons pas à leurs fabricants l'injure de supposer qu'ils n'y en mettent point ou qu'ils y mettent autre chose. Ils n'ignorent pas d'ailleurs qu'une pareille fraude les priveraient du droit, si droit il y a, de se prévaloir des susdites approbations et récompenses académiques.

Donc, d'après la réclame Ollivier et Cie, — nous copions textuellement sa liste, — pour obtenir « *une guérison prompte et radicale* » des maladies contagieuses, parmi lesquelles sont nécessairement sous-entendus la chaudepisse, la balanite, l'herpès, les excoriations, le chancre simple, etc., le MERCURE! des pertes blanches, des glandes engorgées, des pâles couleurs, le MERCURE! des ulcères (de toute nature, cela va sans dire), des inflammations chroniques, des maladies de la peau, des rougeurs du visage, des démangeaisons, des dartres, le MERCURE! des douleurs rhumatismales, des névroses, le MERCURE! des abaissements et déviations de la matrice, le MERCURE!! de la stérilité, le MERCURE!!!

Bien nommée, comme on le voit, la méthode Ollivier, quand Guibourt l'appelait la *méthode alimentaire mercurielle!* Et pour que personne n'y échappe à ce bon mercure, pour que tout le monde en mange, le prospectus déclare que: « l'ACADÉMIE NATIONALE DE MÉDECINE a reconnu qu'il est surtout très utile (mangé sous la forme de biscuits naturellement) aux *femmes délicates* et aux *enfants*, même en allaitement », sans spécifier, bien entendu, leur genre de maladies. « Qu'ainsi absorbé, le *médicament*, intimement uni aux matières nutritives azotées, est porté avec elles dans le torrent de la circulation, et pénètre ainsi sans difficulté et sans secousse (quelle chance!) jusqu'aux extrémités les plus éloignées des fibres organiques. »

Ouf!... le cœur nous manque pour pousser plus loin cette mercuriale. Nous n'avions d'ailleurs, en l'écrivant, d'autre but que de faire savoir au public que les biscuits faussement nommés biscuits dépuratifs ou simplement biscuits Ollivier, et que l'on peut se procurer, dit une affiche, « dans toutes les bonnes pharmacies du MONDE ENTIER », sont fabriqués avec du bichlorure de mercure ou *sublimé corrosif*, et que, sauf pour quelques cas spéciaux de syphilis généralisée, leur emploi ne peut être que nuisible. Quant à l'Académie de médecine, nous n'avons point à la défendre contre elle-même. Libre à elle de favoriser les abus qu'elle a pour mission de détruire; libre à elle de se faire le porte-voix de ces réclames insensées; libre à elle enfin, si tel est son plaisir, de continuer à voir son nom respecté servir jour et nuit d'enseigne à nos édifices vespasiens! A chacun son goût.

DEUXIÈME LETTRE

PRATIQUES DU CHARLATANISME DANS LE TRAITEMENT DE LA BLENNORRHAGIE ET DE SES SUITES.

S'il est un art difficile, exigeant, pour qui veut l'acquérir, une longue préparation et une pratique plus longue encore, c'est assurément la médecine. Huit ou dix années de grec et de latin, d'humanités et d'études spéciales, deux baccalauréats, six ou huit autres années de stage dans les hôpitaux, de séjour dans les bibliothèques, dans les amphithéâtres, les laboratoires, autour des tables de dissection, huit examens, une thèse à soutenir, et enfin, le titre de docteur obtenu, la lutte pour se faire place, la lutte pour la vie, comme dirait Darwin, au milieu de rivaux plus anciens, peu disposés à céder l'espace, voilà ce qu'il faut pour devenir médecin! Et je ne parle ici que du commun des martyrs. Je ne parle pas de cette phalange d'élite, hommes du labeur et des hautes visées, athlètes des concours, qui usent leur jeunesse et la meilleure part de leur âge viril dans la longue et rude escalade des titres officiels, où quelques-uns seulement, le très petit nombre, trouveront enfin la récompense du sacrifice.

Et dire qu'après tant de peines et de travaux, après tant d'efforts, d'argent dépensé, le plus ignare des charlatans, officier de santé, docteur d'Iéna, de Philadelphie ou autres lieux, — qu'il n'a connus le plus souvent que par l'envoi d'une lettre chargée, suivi de la réception d'un diplôme enluminé, — pourra venir, en un jour, vous supplanter dans l'estime et même, oserai-je le dire? dans la faveur du public! J'entends dans l'estime de cette masse du public, qui ne se compose pas seulement, comme on pourrait le croire, des imbéciles et des ignorants, mais qui compte dans ses rangs une foule de gens instruits et du meilleur monde, — j'en ai connu beaucoup, — pour qui la valeur d'un médecin n'a d'autre mesure que les bruits de grosse caisse et de cymbales dont il sait entourer son nom. Poursuivons cependant.

Observation I. — Au mois de mai 1878, M. le comte X*** contractait une blennorrhagie pour laquelle il eut d'abord recours à son médecin ordinaire, homme instruit et parfaitement au courant de la spécialité, comme le sont aujourd'hui la plupart des médecins d'une génération qui a su, nous pouvons le dire, élever cette branche importante de la médecine à la hauteur d'une science exacte. — Sirop de bourgeons de sapin étendu d'eau pour boisson, injections avec une légère solution de sulfate de zinc additionnée de quelques gouttes de laudanum, suspensoir, régime doux, repos et sagesse, furent les premiers remèdes indiqués, remèdes excellents, les seuls applicables, sauf le traitement abortif dont nous parlerons plus loin, à cette première phase de la chaudepisse.

Tout allait bien au bout de quelques jours : l'écoulement ainsi que la douleur avaient presque entièrement disparu. Mais il restait encore un léger suintement pour lequel le médecin de M. X*** attendait le moment propice à l'emploi des spécifiques, copahu et cubèbe, qui eussent très probablement amené la guérison.

Malheureusement l'annonce d'un *Nouveau traitement sans injections* tomba sous les yeux de M. X***, qui, impatienté de la persistance de son suintement, prit le parti d'aller consulter l'inventeur du susdit traitement, jeune médecin, muni de nombreux diplômes et d'une intarissable faconde. Celui-ci, après une longue dissertation sur les causes occultes de la blennorrhagie, dont il avait, disait-il, découvert la nature et les agents mystérieux, inconnus encore du *vulgum pecus* des médecins, hommes ignares, ennemis du progrès, encrassés dans la routine, etc., etc.,

11.

ouvrit une armoire, et, sans même avoir examiné l'organe ni questionné le malade, détails inutiles pour un praticien de sa trempe, remit à M. X***, émerveillé de tant de savoir et d'une aussi précoce intuition des choses cachées, un flacon rempli d'un liquide jaunâtre, dit *Elixir radical*, avec recommandation d'en prendre matin et soir deux cuillerées à bouche dans un verre d'eau sucrée. Coût 20 francs, y compris la dissertation sur les mystères de la chaudepisse, qui en valait bien quarante, mais que l'on donnait par-dessus le marché.

Au bout de trois jours, le flacon était épuisé et l'écoulement revenu, ce qui ne faisait pas l'affaire de M. X***, qui conservait néanmoins confiance et espoir. Nouvelle visite, nouveau discours et nouveau flacon à 20 francs. Trois jours après, même état. Troisième visite, troisième discours et troisième flacon, mais avec addition, cette fois, d'une boîte de pilules; le tout 30 francs. De plus, un interrogatoire sur le traitement suivi au début, qui seul pouvait être la cause d'un pareil échec, pour la première fois infligé à l'Élixir radical. L'injection au sulfate de zinc avait fait tout le mal, et l'on ne cachait pas à M. X*** que plusieurs autres flacons et autant de boîtes de pilules seraient peut-être encore nécessaires pour en conjurer la mauvaise influence.

M. X*** eut peut-être persisté dans son aveugle confiance, si des symptômes graves de cystite du col (besoins incessants d'uriner, douleurs vives dans le bas-ventre, ténesme vésical, écoulement de sang après chaque miction, etc.), ne lui eussent enfin ouvert les yeux. C'est alors que, n'osant pas rappeler son premier médecin, il vint me trouver et me raconta ce qui précède. — Tisane de bourgeons de sapin, pilules de camphre et de térébenthine, bromure de potassium, lavements laudanisés, diète sévère et repos absolu ne furent pas de trop pour faire disparaître ces accidents, à la grande satisfaction de M. X***, « jurant, mais un peu tard, qu'on ne l'y prendrait plus. » Quant à l'écoulement, quelques injections au sous-nitrate de bismuth ne tardèrent pas à en amener la cessation complète et définitive.

Traitement de la blennorrhagie sans injections! Et pourquoi cela? Pourquoi priver vos malades du meilleur moyen de traitement que vous puissiez leur prescrire, le seul vraiment efficace, le seul qui permette de porter directement le remède sur le mal?...

Par suite d'un travers d'esprit très-général, que l'on observe dans toutes les classes de la société, il est d'usage, lorsqu'une maladie s'aggrave ou se complique, d'attribuer invariablement aux remèdes l'effet du mal. Ainsi, une chaudepisse passe à l'état chronique et amène un rétrécissement... Au lieu de considérer ce dernier comme le résultat de la maladie, on préfère accuser les remèdes employés pour la guérir, seraient-ce des injections d'eau de guimauve ou de graine de lin! De là ce préjugé absurde, répandu dans le monde, que les injections produisent des rétrécissements. Qu'un liquide caustique, un acide concentré, une solution trop forte d'azotate d'argent, de chlorure de zinc, etc., injectés dans l'urèthre, puissent, en désorganisant la muqueuse, amener un rétrécissement cicatriciel, rien de plus vrai; mais quel est le médecin capable de commettre une pareille imprudence?

Le mot injection, employé tout seul, ne signifie qu'une chose: pousser dans l'urèthre, au moyen d'une seringue, un liquide quelconque. Tout dépendra donc, non de l'injection elle-même, mais de la nature et de la composition du liquide injecté. Accuseriez-vous une injection d'eau pure d'avoir produit un rétrécissement? Evidemment non. Eh bien! aucune des injections faiblement astringentes que les médecins prescrivent journellement contre la blennorrhagie, n'est plus dangereuse que de l'eau pure. Pour produire un rétrécissement, il faut, comme nous allons le voir dans l'observation suivante, une cautérisation violente, profonde, capable de désorganiser l'urèthre. Or, je le demande, est-ce là ce que pourraient faire, même à la longue, quelques centigrammes de sulfate de zinc, d'azotate d'argent, de pierre divine, de tannin, de cachou, dissous dans 125 grammes d'eau distillée, comme on les prescrit généralement? L'ignorance et la mauvaise foi ont pu seules soutenir une semblable accusation, contre laquelle proteste l'expérience de chaque jour. La vérité est que ces injections, loin d'engendrer des rétrécissements, sont au contraire le meilleur moyen de les prévenir, puisque, sagement employées, elles constituent le remède le plus efficace et le plus prompt de la blennorrhagie uréthrale, dont la trop longue durée est la seule et véritable cause de cette redoutable complication. Supprimer la cause, c'est supprimer l'effet.

Mais le préjugé existe, se maintient et se maintiendra longtemps encore, je le crains; car il a la vie dure, comme toute croyance absurde: *credo quia absurdum*. Les charlatans le savent et en profitent, certains qu'ils sont, en le prenant pour enseigne, de décupler le nombre de leurs clients. Heureux encore quand ceux-ci n'en sortent pas victimes de l'accident qu'ils redoutaient, et dont la crainte, mauvaise conseillère, les avait attirés chez eux.

Observation II. — Un jeune homme de vingt et un ans, ouvrier typographe, ayant contracté une blennorrhagie en novembre 1878, alla trouver un de ces *pharmaciâtres*, qui cultivent simultanément, dans leur boutique doublée d'un cabinet dit médical, le pilon et la lancette, les simples des champs et ceux de la ville, ces derniers surtout. Un compère le lui avait recommandé comme pouvant le guérir radicalement en *trois jours et sans injections*. Celles-ci devaient être, en effet, remplacées par l'introduction dans l'urèthre, à une profondeur de deux ou trois centimètres, d'un crayon d'azotate d'argent (pierre infernale), de manière à cautériser fortement la fosse naviculaire. — Douleur excessive, gonflement énorme du méat et du gland, écoulement abondant de matière purulente, striée de sang, tels furent les premiers effets de cette opération.

Le malade, qui eût pâli devant une injection d'eau rougie, supporta le tout courageusement, comptant sur la guérison promise, sinon sans douleur, du moins sans accidents consécutifs. Le surlendemain l'écoulement avait, en effet, disparu; il ne restait plus qu'un léger suintement muqueux qui devait, lui disait-on, disparaître à son tour dans le délai fixé. Coût: 10 francs, avec l'inévitable flacon de sirop dépuratif.

Les jours suivants, le suintement, loin de disparaître, avait augmenté. Le malade, urinant de plus en plus difficilement, voyait avec effroi son jet d'urine s'amincir de jour en jour, jusqu'au moment où il n'urina plus que par gouttes. C'est alors qu'il vint nous consulter.

Le gland avait doublé de volume; on sentait sous le doigt, au niveau de la fosse naviculaire, le canal de l'urèthre épaissi, dur et tendu, comme si un corps étranger en remplissait la cavité; je ne parvins que très difficilement à y introduire une bougie olivaire n° 10 de la filière Charrière. Sachant quelle résistance, parfois invincible, opposent à la dilatation les rétrécissements cicatriciels de cette partie de l'urèthre, je ne cachai pas au malade qu'il faudrait peut-être en venir à l'uréthrotomie. Toutefois, comme la cicatrice n'était encore qu'en voie de formation, je n'avais pas perdu tout espoir de la distendre suffisamment, ce qui heureusement se réalisa.

Après une longue suite de dilatations, faites chaque jour avec des bougies cylindriques de plus en plus grosses, je pus enfin parvenir à faire entrer le n° 22, qui aujourd'hui passe facilement. L'écoulement a lui-même disparu, et le malade, complètement guéri, urine aussi bien qu'auparavant.

Je pourrais joindre à cette observation plusieurs faits du même genre, observés sur des étudiants en médecine qui, de leur propre mouvement, avaient pratiqué sur eux-mêmes cette opération, cédant trop facilement à la tentation d'utiliser pour leur compte, le crayon caustique qu'ils ont toujours à leur disposition. — N'oubliez donc jamais que la cautérisation de l'urèthre avec l'azotate d'argent solide, est une pratique dangereuse, surtout dans la fosse naviculaire, où la muqueuse, plus épaisse et plus ferme, a plus de tendance à s'indurer que partout ailleurs. Ce n'est pas que nous condamnions le traitement abortif de la blennorrhagie. Pratiqué suivant les règles de l'art, avec des solutions suffisamment étendues d'azotate d'argent, ce traitement peut, en quelques jours, et sans exposer le malade à aucun danger, amener la guérison complète de l'uréthrite. Mais il faut pour cela choisir le moment, et graduer la force des injections de manière à ne produire qu'une cautérisation légère de la couche superficielle de la muqueuse, dont la reproduction s'opère alors sans former de cicatrice et, par suite, sans rétrécissement possible.

De la crainte des rétrécissements, qui tourmente la plupart des malades affectés de blennorrhagie, à la croyance qu'ils en sont atteints, quand leur maladie se prolonge, il n'y a qu'un pas, d'autant plus facile à franchir que la véritable cause de cet accident est précisément la trop longue durée de l'inflammation blennorrhagique. De là, une variété de cette aberration d'esprit que nous avons le premier décrite et désignée sous le nom d'*hypochondrie uréthrale*, affection des plus communes qui, chaque jour, livre une foule de malades à la cupidité des charlatans. L'observation suivante donnera une idée de la manière dont se pratique ce genre d'exploitation, que l'on pourrait appeler, avec Robert Houdin, le *truc de la bougie*.

Observation III. — Un jour du mois de mai 1874, entrait précipitamment dans mon cabinet M. X..., avocat distingué du barreau de Paris, que je connaissais de nom et de vue.

— Docteur, me dit-il d'une voix émue, je suis un homme perdu. J'ai un rétrécissement de l'urèthre!

— Il vous reste au moins l'espérance, puisque vous voici chez un médecin.

— Oh! bien petite, docteur, bien petite. J'ai entendu dire qu'on ne guérissait jamais d'un rétrécissement. Mettez-vous à ma place : un homme occupé comme je le suis, emprisonné des heures entières dans des salles d'audience, d'où il est impossible de sortir pour satisfaire à des besoins incessants d'uriner comme ceux que j'éprouve depuis trois jours, et qui ne me laissent ni repos, ni liberté d'esprit...

— Depuis trois jours seulement?

— Oui, docteur, depuis trois jours. Jusque-là je n'avais jamais rien éprouvé de semblable. Je n'ai eu, pour tout accident de jeunesse, qu'une blennorrhagie qui a duré deux ou trois mois, et il y de cela une quinzaine d'années. Mais il paraît qu'il n'en fallait pas davantage pour me mettre dans le triste état où vous me voyez aujourd'hui.

— Ainsi vous êtes bien sûr de n'avoir jamais éprouvé, avant ces trois derniers jours, aucun trouble dans votre manière d'uriner?

— Bien sûr, docteur, ou du moins je ne m'en suis jamais aperçu.

— Aviez-vous conservé de votre ancienne blennorrhagie quelque suintement, une goutte revenant de temps en temps à la suite d'une fatigue physique, d'un excès de table ou de tout autre genre?

— Absolument rien; ni suintement, ni goutte, ni aucune sensation pouvant me faire croire à un retour de cette maladie.

— Êtes-vous sujet à des douleurs rhumatismales?

— Oui, docteur. Là est précisément le côté faible de ma santé, qui, sous tous les autres rapports, est excellente.

— Eh bien! Monsieur, rassurez-vous ; vous n'avez pas de rétrécissement. Vous avez simplement ce que nous appelons une cystite du col, très probablement de nature rhumatismale.

Docteur, je vous en prie, veuillez me sonder.

— C'est inutile. Je vous répète que vous n'avez pas de rétrécissement. Le passage d'une sonde ou d'une bougie serait d'ailleurs très douloureux en ce moment. Attendons que l'irritation du col vésical soit calmée, ce qui ne tardera pas.

— Docteur, encore une fois je vous en prie, veuillez me sonder. J'ai besoin d'avoir la preuve de ce que vous me dites. Si vive que soit la douleur que vous me ferez subir, elle n'égalera jamais le tourment moral qui m'obsède.

Voyant que j'avais affaire à un disciple de saint Thomas, je pris alors une bougie molle d'assez fort calibre (n° 20), et, après l'avoir bien graissée, je l'introduisis lentement, le malade étant debout, dans la profondeur de l'urèthre. A ma grande satisfaction, car je m'attendais à une certaine résistance musculaire de la part du col vésical, l'instrument pénétra très facilement et sans trop de douleur jusque dans la vessie, d'où je le retirai immédiatement.

— Ah! docteur, vous me rendez à la vie, reprit aussitôt le malade, transporté de joie. C'est donc bien vrai, je n'ai pas de rétrécissement! Pardonnez-moi mon incrédulité de tout à l'heure. Je pensais que vous me disiez cela pour me consoler d'abord et m'habituer ensuite à supporter plus philosophiquement mon infirmité.

— Monsieur, lui répliquai-je alors, j'ai l'honneur de

vous connaître. Permettez-moi donc de vous demander qui avait pu, pardon de l'expression, vous clouer si fort pareille idée dans la tête, à vous homme de haute intelligence et d'un esprit si bien cultivé.

— Si je ne savais, docteur, que, mieux que tout autre, vous connaissez la faiblesse d'esprit des malades, je pourrais prendre votre compliment pour une épigramme ; car voici ce qui m'est arrivé. Tourmenté comme je l'étais par la crainte d'un rétrécissement, je m'étais empressé de lire un *Traité de médecine spéciale à l'usage des financiers,* qu'un de mes amis m'avait prêté. Ayant cru y reconnaître une description assez exacte des symptômes que j'éprouvais, l'idée me vint aussitôt d'aller en consulter l'auteur. Hier donc, à pareille heure, j'entrais dans son cabinet, fort ému, comme vous pouvez le croire. Aux premiers mots sortis de ma bouche, il répondit, sans hésiter, que j'avais un rétrécissement. Puis prenant une sonde, beaucoup plus mince que celle que vous venez de m'introduire, il la poussa dans mon urèthre avec toutes sortes de précautions. Arrivé vers le milieu du canal, il s'arrêta court, prétendant qu'il ne pourrait aller plus loin sans forcer le rétrécissement, qui était là, me dit-il, au bout de sa sonde, dont la pointe très aiguë me piquait tellement que je le priai de la retirer au plus vite.

Me voyant pâlir à cette révélation, que je croyais sincère, l'aimable frater me prit alors affectueusement les deux mains, me disant que je n'avais rién à craindre ; qu'il venait de reconnaître que ce rétrécissement, bien que très étroit, n'en était pas moins très dilatable, et qu'une dizaine de séances lui suffiraient pour rendre à mon urèthre son calibre normal. — Cela ne vous coûtera que cinq cents francs, ajouta-t-il négligemment, dont trois cents payés en commençant, et le reste après la guérison. Nous pouvons commencer demain. Pour aujourd'hui c'est quarante francs.

Étourdi, ahuri, n'y voyant plus, je jetai deux louis sur la table, et me retirai en proie au plus grand chagrin que j'aie éprouvé de ma vie. Mais la nuit, dit-on, porte conseil. Ce matin, bien que n'ayant pas dormi, le soupçon me vint, en réfléchissant aux dernières circonstances de la veille, que je pourrais bien être tombé entre les mains d'un fripon. Et ma bonne étoile, docteur, faisant le reste, m'a tiré de cet infâme guêpier, où peu s'en est fallu que j'allasse enfouir à la fois mon temps, mon argent, mon repos, ma joie et ma santé.

Quelques jours après, M. X... complètement guéri, reprenait le cours de ses occupations.

De pareils faits n'ont pas besoin de commentaire. Ils n'auraient besoin que d'une bonne loi qui en permît l'exportation chez les Canaques. En attendant, puisse cet exemple préserver du *truc de la bougie* les individus si nombreux que tourmente sans cesse la crainte d'un rétrécissement, présent ou à venir.

Parmi les complications de la blennorrhagie, largement tributaires du charlatanisme, nous trouvons encore la *prostatorrhée* et l'impuissance sympathique ou par cause morale qui en est fréquemment la suite. Trop souvent, en effet, malades et médecins confondent la prostatorrhée ou écoulement prostatique, symptôme ordinairement peu dangereux, avec la spermatorrhée. Il peut arriver alors que le malade, se croyant menacé dans ses forces viriles, et perdant ainsi la confiance nécessaire à leur libre exercice, devienne impuissant, uniquement parce qu'il craint de l'être.

Cette anaphrodisie par cause morale peut se produire également chez des individus jouissant de toute la plénitude de leur santé. Il est peu d'hommes qui ne sachent, pour l'avoir éprouvé au moins une fois dans leur vie, qu'un excès de timidité, la crainte d'un insuccès, une émotion trop vive en présence d'une femme longtemps désirée, suffisent pour paralyser instantanément l'organe même qui devait en assurer la possession. Le plus souvent, cet état particulier d'impuissance n'est que passager et accidentel; mais il est des individus nerveux, impressionnables, chez lesquels il se reproduit avec une désespérante persistance.

On comprend que de tels malades deviennent facilement la proie des charlatans. Ils vont de l'un à l'autre, épuisant en drogues inutiles leur bourse et leur santé, alors que bien souvent il suffirait de quelques bonnes paroles pour leur rendre ce qu'ils ont perdu et qui seul leur manque pour guérir aussitôt : la confiance en leurs propres forces. Et encore si les charlatans se contentaient de les droguer ! Mais il en est qui, pour en obtenir une plus forte rémunération, leur font subir des opérations dangereuses, notamment la cautérisation du col de la vessie, dont les suites prochaines (hémorrhagies, rétentions d'urine, abcès prostatiques, fièvre d'accès, etc.), peuvent devenir mortelles. Certains charlatans ont même poussé l'amour de l'art jusqu'à pratiquer pour des cas de ce genre la section du prépuce. En voici une observation fort curieuse que nous tenons du docteur A. Cullerier, qui se plaisait à la raconter.

Observation IV. — M. X..., banquier à Paris, se croyant affaibli et menacé d'impuissance, allait un jour consulter un charlatan en renom, à qui il avait été chaudement recommandé par un de ses amis. Après les questions d'usage, le charlatan, sous le prétexte d'examiner plus aisément l'état de ses organes, le fait coucher à plat dos sur un divan recouvert d'une toile cirée... Tout à coup, M. X... pousse un cri terrible, et se dresse d'un bond sur son séant ! Son charlatan était devant lui, la main droite armée d'une paire de ciseaux avec lesquels il venait de lui fendre le prépuce, depuis son orifice jusqu'à la base du gland. — Pardonnez-moi, lui dit-il en souriant, cette surprise toute chirurgicale; j'ai voulu vous épargner la pénible attente d'un sacrifice nécessaire, bien plus cruelle que l'opération elle-même. — Pâle et muet de stupeur, M. X... ne répondit que par un long soupir, et se laissa retomber sur le divan. Le pansement terminé, mais ne sachant encore s'il devait se féliciter ou se plaindre de cette opération forcée, M. X... se fit aussitôt reconduire chez lui, où il s'empressa de faire appeler son médecin ordinaire pour en surveiller les suites.

Deux mois plus tard, expérience faite du peu de succès de l'opération, M. X... recevait de son charlatan, sur papier glacé et parfumé, une petite note de *trois mille francs* pour honoraires. Son premier mouvement fut de refuser net. Trois mille francs pour lui avoir affreusement mutilé la verge, sans améliorer sa position devant les dames! Tout riche banquier qu'il était, M. X.., comme on dit vulgairement, « la trouvait mauvaise. » — Deux jours après cependant, nouvelle note sur papier timbré !

Devant la menace d'un tel procès, tout chargé de scandale, de honte et de ridicule, le plus sage était de s'exécuter poliment. Et le galant M. X..., après avoir crié pour son prépuce, dut, cette fois encore, se résigner à *chanter* pour lui de ses trois mille francs!

TROISIÈME LETTRE

PRATIQUES DU CHARLATANISME DANS LE TRAITEMENT DU CHANCRE ET DE LA SYPHILIS.

Nous avons vu, dans la première partie de ce livre, qu'il existe deux espèces ou variétés de chancres: le chancre simple, maladie locale qui jamais n'est suivie d'accidents généraux, et le chancre infectant ou syphilitique, premier symptôme de la vérole ou syphilis constitutionnelle. Cette distinction, d'une importance capitale au point de vue du traitement, les charlatans l'ignorent, et ils ont besoin de l'ignorer. Pour eux, tous les chancres sont infectants et doivent être traités comme tels. Le chancre simple n'exigeant le plus souvent qu'un traitement local, soit la cautérisation, qui peut le détruire instantanément, soit l'application de quelques liquides astringents ou antiseptiques (vin aromatique, solutions d'alun, d'azotate d'argent, d'iode, de tartrate de fer, etc.), ne pourrait être, en effet, que d'un maigre rapport pour la consultation gratuite. Il faut donc, aux yeux du malade, l'élever à la dignité de chancre infectant; le lui montrer comme devant être fatalement suivi, si l'on n'y prend garde, des plus redoutables accidents de la vérole. Et le pauvre malade, justement effrayé de ce noir pronostic, payera avec reconnaissance et sans compter boîtes et flacons dépuratifs, où miroite pour lui l'espoir d'y échapper. On ne manquera pas d'ajouter, en le congédiant, qu'il faut de longs mois pour conjurer les effets pernicieux de la syphilis, pour neutraliser le virus dont il est tout imprégné, et qu'il s'exposerait, par conséquent, aux plus grands dangers, s'il négligeait un seul jour, ses remèdes épuisés, de revenir à la caisse renouveler sa provision. Et ce qui est plus triste encore, c'est que les susdits médicaments, absolument inutiles, sont le plus souvent des composés de mercure à haute dose, pouvant retarder la guérison du chancre, le compliquer de phagédénisme, sans compter les effets certains de l'intoxication mercurielle sur les gencives et ailleurs. J'en ai vu, pour ma part, de très nombreux exemples, dont le suivant, déjà signalé dans mon *Traité des maladies vénériennes* (page 576), m'avait particulièrement frappé par sa gravité et par son caractère original.

Observation I. — En février 1862, un riche commerçant de Paris, M. X..., se trouvait à Alger, où il était allé, invité par un de ses amis, pour y passer le carnaval.

M. X... était époux et négociant. Mais comment, sous le soleil africain, résister aux regards enflammés de la jeune Mauresque vous offrant pour toute une nuit le ciel du Prophète? Tout fut donc oublié... Et le lendemain matin M. X... quittait le séjour des houris, emportant le germe d'un chancre, qui, deux jours après (c'était un chancre simple), commençait à creuser son nid sur le bord de son prépuce.

En ce temps-là florissait à Alger un médecin juif, charlatan renommé pour son habileté dans l'art de guérir les maladies vénériennes. M. X... alla le consulter, et en sortit avec le flacon cosmopolite de sirop dépuratif, des pilules mercurielles et une pommade napolitaine qu'il devait appliquer sur son chancre. Telles étaient la dose et l'activité du composé mercuriel contenu dans les pilules, qu'en moins de vingt-quatre heures, M. X... était pris d'une salivation visqueuse et fétide, qui l'engagea à retourner au plus tôt chez son guérisseur. — Parfait, parfait! dit celui-ci; je vois avec plaisir la promptitude avec laquelle le remède opère chez vous; car cette salivation n'a pour but que d'expulser le virus (prononcez virous). Loin donc de vous en plaindre et de chercher à l'arrêter, il faut, au contraire, vous en féliciter et l'entretenir avec soin. Continuez.

Les jours suivants, la stomatite avait fait d'effrayants progrès. Les gencives, surtout celles de la mâchoire inférieure, s'étaient gonflées, ramollies ; leur bord libre, totalement ulcéré, formait d'un bout à l'autre des arcades dentaires comme un feston grisâtre et sanieux ; plusieurs dents étaient ébranlées ; des flots de salive s'échappaient incessamment de la bouche. Justement alarmé. M. X... prit le parti de revenir immédiatement à Paris, où il descendit, pour mieux se cacher, dans un petit hôtel du quartier Latin, ne pouvant dans ce triste état, et avec son chancre qui grandissait à vue d'œil, rentrer dans sa famille. C'est là qu'il me fit appeler et me raconta ce qu'on vient de lire.

Le mal était encore plus grand que ne le croyait M. X... Une rangée de six dents, comprenant les deux incisives, la canine, les deux petites et la première grosse molaires du côté droit de la mâchoire inférieure, ne tenait plus. La nécrose, coupant net les alvéoles au niveau de leur fond, les avait totalement séparés du reste de l'os. Si bien que je pus immédiatement, et sans autres instruments que mes doigts et une paire de ciseaux pour détacher quelques lambeaux de parties molles encore adhérents, enlever d'un seul coup et d'une seule pièce ces six alvéoles avec leurs dents, restées blanches et saines. Les suites de cette opération furent des plus heureuses. Sous l'influence du chlorate de potasse à haute dose, en gargarisme, et à l'intérieur du citrate de fer, du quinquina et d'un régime fortifiant, la stomatite disparut en quelques jours. Quant au chancre, une seule cautérisation avec l'acide azotique monohydraté en fit également prompte justice.

M. X... pouvait enfin songer à rentrer chez lui. Il adressa sous pli à son ami d'Alger, avec prière de la renvoyer à Paris, une lettre dans laquelle il annonçait à sa femme son heureux retour. En attendant, il avait chargé un habile dentiste de lui refaire en caoutchouc durci ses alvéoles détruits et d'y replacer ses propres dents, qu'il tenait à conserver, disait-il, moins pour elles-mêmes qu'en expiation et comme souvenir mordant de son carnaval à Alger.

Un fait heureux et des plus intéressants au point de vue de l'hygiène publique est la disparition presque complète du chancre simple depuis la dernière guerre de 1870-1871. A Paris du moins, et dans les principales villes de France, tous les médecins ont pu constater, quelques-uns même ont signalé dans leurs écrits cette étrange pénurie du chancre simple, devenu, depuis cette époque, aussi rare qu'il était commun sous l'Empire ; ce qui tient, selon nous, aux trois causes suivantes : 1° pendant la guerre, occasions moins fréquentes de le prendre ou de le transmettre; 2° après la guerre, crise commerciale, travail en souffrance et, par suite, manque de l'argent de poche nécessaire pour se le procurer; 3° amélioration de notre police sanitaire, beaucoup plus vigilante aujourd'hui, rendons-lui cette justice, que sous le régime impérial.

Mais si tous les médecins ont pu constater à leurs dépens cette heureuse diminution dans la fréquence du chancre simple, il n'en a pas été de même pour les charlatans. Quelques chancres de moins ne pouvaient être, en effet, d'aucun préjudice pour des gens qui en trouvent partout, et savent en inventer au besoin. Car, pour eux, tout est chancre ou le devient : l'herpès le plus bénin, une écorchure, une éraillure, les aphtes, voire même les fistules dentaires, sont toujours des chancres, simples ou infectants, peu leur importe, puisqu'ils sont tous égaux devant le dépuratif. Rien de plus commun dans les officines du charlatanisme que ce genre d'exploitation, que l'on pourait nommer la *chancriculture* ou l'art de cultiver le chancre. Un jour se passe rarement sans nous en offrir quelque exemple. Les deux suivants suffiront pour en faire connaître les procédés.

Observation II. — M. X..., employé dans une maison de banque venait, en août 1878, me consulter pour un petit groupe d'herpès composé de cinq ou six vésicules très rapprochées, siégeant sur le côté gauche de la face externe du prépuce. Aucun doute n'était possible sur le diagnostic : c'était bien là l'*herpès præputialis* dans toute son évidence et sa simplicité. Après avoir rassuré mon malade, qui paraissait fort inquiet, je lui prescrivis, pour tout traitement, quelques bains locaux dans un demi-verre d'eau blanche, suivis d'une application de poudre d'amidon, lui promettant qu'il serait guéri dans cinq à six jours.

Mais ce traitement si simple ne suffisait pas pour calmer l'inquiétude de M. X..., qui, malgré mes paroles, n'en resta pas moins convaincu qu'il avait un chancre et la vérole en perspective. Beaucoup de malades sont ainsi faits. Il alla donc le lendemain chez un charlatan, qui naturellement confirma ses craintes et, pour preuve, cautérisa fortement son groupe d'herpès. Coût: 20 francs, y compris un flacon d'eau souveraine pour pansements, une bouteille d'élixir et des pilules antisyphilitiques. Recommandation pressante au malade de revenir le surlendemain, et ainsi de suite tous les deux ou trois jours, pour surveiller le chancre et renouveler au besoin les cautérisations.

Vingt jours plus tard, M. X..., que j'avais complètement oublié, revenait me trouver, et, après m'avoir, honteux et confus, raconté ce qui précède, me montrait sur son prépuce, à la place qu'occupait son groupe primitif d'herpès, une plaie suppurante, large et profonde, qui, l'avant-veille encore, avait été, me dit-il, cautérisée pour la sixième fois! Il avait de plus un commencement de stomatite mercurielle produite par les pilules ou par l'élixir, dont il avait fait une large consommation. Le tout lui avait coûté 130 francs. Bon métier, on le voit, la chancriculture appliquée au traitement de l'herpès.

Des pansements réguliers avec une légère solution d'alun et des gargarismes au chlorate de potasse amenèrent en quelques jours la guérison de la plaie et de la stomatite. Mais il est resté à M. X... une cicatrice indélébile qui, espérons-le, l'aura guéri pour l'avenir du désir de livrer son prépuce à de nouveaux essais de chancriculture.

La cautérisation destructive est, avons-nous dit, le meilleur traitement du chancre simple, non seulement à son début, mais encore à toute époque de sa durée. Mais avant de pratiquer cette opération, supposé que rien ne s'y oppose, la première condition à remplir est d'être absolument fixé sur le diagnostic. L'observation qui précède ne nous montre, en effet, que trop clairement les inconvénients de ce genre de traitement dirigé contre l'herpès, puisque, tout en imposant au malade une souffrance inutile, il ne peut avoir d'autre résultat que d'accroître l'étendue et la durée de son éruption. Puisse donc cette observation servir d'exemple aux individus si nombreux à qui l'herpès vient de temps à autre rendre visite, ne serait-ce que pour les engager à ne point confier au premier venu le traitement de cette légère affection, qui, comme tant d'autres maladies, ne demande qu'à se guérir d'elle-même, et y réussit d'autant mieux et plus vite qu'on lui oppose moins de remèdes !

Observation III. — Un matin, à son lever, M. X..., artiste peintre, sent une légère douleur en un point de sa gencive supérieure, au niveau de la canine droite. Il touche, il regarde, et aperçoit un petit abcès tout blanc, sur le point de crever. Grand émoi, trouble extrême; car M. X... est un raffiné, un Romain de la décadence pour qui la volupté n'a plus de secret... Point de doute, c'est un chancre !... Il court d'abord chez son médecin; mais ne l'ayant point trouvé, et ne voulant pas perdre une minute, il se dirige en toute hâte vers l'hôpital du Midi. Trop tard! La consultation venait de finir.

Autour de ce sombre hôpital, tantôt se promenant sur la place, tantôt postés à l'angle des rues, comme des chasseurs à l'affût, se trouvent toujours, le matin, à l'heure des visites, plusieurs individus faisant le métier de courtiers allumeurs pour le compte des principaux charlatans de Paris. Un de ces individus accoste M. X..., s'intéresse à sa peine, et après l'avoir félicité d'être arrivé trop tard, les consultations du Midi étant, lui disait-il, très mal faites, l'engage vivement à venir dans une pharmacie spéciale où il trouvera, gratuitement aussi, de meilleurs conseils et des médicaments à prix réduits. M. X... obéit.

— Oh! Monsieur, le beau chancre! Et quelle chance pour vous d'être venu à temps, pour que je puisse encore le cautériser, lui dit aussitôt le maître droguiste. — Allons, la chose est faite, mais ce n'est pas tout. Reste maintenant à expulser le virus, ce qui sera l'affaire de quelques semaines d'un bon traitement dépuratif, facile à suivre et même agréable pour ceux qui aiment le sucre. Six flacons de mon sirop septifuge, autant de boîtes de pastilles célestes, et tout sera dit. Pour le moment, prenez toujours pour 20 francs, l'opération comprise, ce flacon et cette boîte; on portera le reste chez vous.

M. X..., qui déjà avait conçu le projet de venir me consulter dans la journée, paye 20 francs et sort sans laisser son adresse. A quatre heures il était chez moi avec son flacon et sa boîte. Je reconnus sans peine, malgré l'eschare produite par la cautérisation, un petit abcès fisuleux provenant d'une périostite alvéolo-dentaire, pour laquelle je lui conseillai la seule chose qu'il eût à faire : aller voir son dentiste.

Si puissante que soit contre le chancre simple, je parle du vrai chancre, la cautérisation destructive, il y a des cas dans lesquels il est bon de s'en abstenir. Il ne faut pas oublier, en effet, que cette opération peut laisser après elle d'irréparables pertes de substance, de larges et indélébiles cicatrices, qui resteront comme témoins irrécusables d'un mal qu'on a toujours intérêt à cacher. Si donc, pour détruire un chancre qui, traité par les moyens ordinaires, aurait pu se guérir en quelques semaines et sans laisser aucune trace, ce qui arrive le plus souvent, vous exposez le malade à en conserver éternellement la marque, vous lui rendez un mauvais service. Que plus tard cet homme se marie, le voilà condamné vis-à-vis de sa femme à une contrainte perpétuelle; car il redoutera, avec juste raison, d'être obligé, si elle s'en aperçoit, à un aveu toujours pénible, et qui pourrait avoir pour résultat d'amener chez elle un refroidissement et même un sentiment de répugnance facile à comprendre. Cette considération, qu'il ne faut jamais perdre de vue dans le traitement du chancre simple, s'applique également au traitement des bubons.

QUATRIÈME LETTRE

PRATIQUES DU CHARLATANISME DANS LE TRAITEMENT DU CHANCRE ET DE LA SYPHILIS. — CONCLUSION.

Après les charlatans bourrant leurs victimes de mercure, le donnant à tort et à travers pour tous les maux vénériens, voire même pour l'herpès et les fistules dentaires, voici d'autres empiriques, non moins nombreux, annonçant avec fracas la guérison *sans mercure* de la seule maladie, la syphilis, qui en ait absolument besoin, qui, sans lui, nous exposerait aux plus redoutables accidents, à la mort peut-être.

Mercure, dieu des charlatans, proscrit par ses disciples !

Nous avons vu plus haut les injections accusées d'être la cause des rétrécissements ou autres complications dont la blennorrhagie peut être suivie. Même chose pour la syphilis et le mercure. Le malade est-il pris de douleurs rhumatoïdes? C'est le mercure qui circule dans ses muscles. Ses cheveux viennent-ils à tomber? C'est le mercure qui, s'engageant sous le cuir chevelu, a tué les bulbes pileux. La couronne de Vénus vient-elle illustrer son front? C'est le mercure qui l'y a posée. Et plus tard, quand sévit la syphilis tertiaire, quand se soulèvent les exostoses, quand les os se gonflent, se carient, se nécrosent, c'est encore et toujours le mercure qui est le coupable.

Singulière erreur! Étrange et dangereux sophisme qui, de nos jours encore, entretient dans le public une foule de terreurs imaginaires, et qui, mettant obstacle au libre exercice d'une thérapeutique éclairée, favorise le trafic de tous ces médicastres dont l'unique talent consiste à vivre aux dépens de la santé d'autrui! Pauvres malades, qui les prenez pour guides, quel sort est le vôtre! Ici gorgés de mercure inutilement, là livrés sans défense aux injures de la vérole!

Observation I. — Au mois d'août 1872, M. X..., employé de commerce, contractait un chancre infectant, pour lequel il alla consulter un charlatan qui s'annonçait alors comme inventeur d'un *Nouveau traitement végétal garanti sans mercure.* Ce chancre fut suivi des symptômes ordinaires de la syphilis secondaire (roséole, plaques muqueuses, etc), qui se renouvelèrent à plusieurs reprises pendant une année environ, au bout de laquelle M. X... se croyant complètement guéri, et encouragé d'ailleurs par son charlatan, dont il n'avait pas cessé de suivre le susdit traitement végétal, crut pouvoir réaliser un projet de mariage, depuis longtemps caressé entre lui et la fille de son patron.

Cinq années se passèrent sans aucun autre accident. M. X... était devenu le père de deux enfants, un garçon et une fille, dont la belle venue, la vigoureuse santé, l'absence sur eux de tout symptôme syphilitique l'avaient de plus en plus convaincu de sa guérison définitive. Tout allait donc pour le mieux dans le jeune ménage, lorsqu'au mois de novembre 1877, M. X... fut pris, vers la racine du nez, entre les deux sourcils, d'une douleur sourde et continue, accompagnée d'un léger larmoiement, d'un peu de gêne dans la respiration nasale et d'une sécrétion muco-purulente, épaisse et fétide, qui l'obligeait à se moucher fréquemment.

M. X..., toujours convaincu de sa guérison, dont il croyait voir la preuve vivante, lui souriant chaque jour dans les yeux clairs, le teint rose et frais de ses jeunes enfants, avait complètement oublié son ancienne syphilis. Aussi ne conçut-il d'abord aucune inquiétude, attribuant les symptômes qu'il éprouvait à un simple coryza qu'il croyait devoir à un refroidissement. En vain le temps s'allongeait et avec lui le mal allait en s'aggravant; M. X..., persistant dans son optimisme, se contentait, pour tout traitement, d'appliquer chaque soir, suivant l'antique usage, une légère couche de suif sur son nez.

Mais un matin, quel réveil! M. X..., en se mouchant, sent un corps dur s'échapper de sa narine droite, et aperçoit aussitôt dans son mouchoir un fragment d'os assez volumineux, strié de pus et de sang ! Une heure après, il arrivait chez moi, et me montrait, tout effaré, la terrifiante épave, dans laquelle je reconnus facilement un des cornets de la charpente nasale. Je renonce à dépeindre son désespoir, d'autant plus poignant, que cet accident était venu le surprendre au milieu de la plus parfaite quiétude. Ce fut à mon tour de le rassurer, m'étant convaincu, par un minutieux examen, que le mal n'était pas au-dessus des ressources de l'art, et qu'il y avait, par conséquent, tout espoir de le guérir. C'est, en effet, ce qui arriva, grâce à un traitement énergique, dont l'iodure de potassium, ce grand justicier de la syphilis tertiaire, fit les principaux frais.

M. X... a donc pu conserver son nez, en apparence intact; mais devenu depuis lors aussi craintif qu'il était autrefois insouciant, il a gardé de cette aventure une idée fixe qui l'obsède jusque dans ses rêves, et qui, soit dit en passant, est une des formes les plus communes de ce trouble mental connu sous le nom de *syphilophobie:* la peur incessante de se voir un jour affublé d'un nez en carton-pâte ou en argent !

Cette observation, qui nous montre à quels dangers nous expose la syphilis abandonnée à elle-même ou traitée, ce qui est pire encore, par d'ignares charlatans, est également instructive à un autre point de vue. Elle prouve une fois de plus ce que nous avons avancé et longuement soutenu dans notre livre sur la *Syphilis dans ses rapports avec le mariage*, savoir : que cette maladie n'est que très exceptionnellement, et même, d'après quelques auteurs du plus grand mérite, ne serait jamais transmissible par hérédité directe du père aux enfants. Pour qu'un individu syphilitique engendre un enfant vérolé, il faut, au moins dans l'immense majorité des cas, que la mère ait été elle-même préalablement infectée. C'est là un fait heureux, que mon expérience personnelle me permet d'affirmer hautement, et qui ne compte plus aujourd'hui que de rares contradicteurs. Combien, parmi mes clients, je pourrais citer d'individus qui se sont mariés après avoir eu la vérole, quelques-uns même, en pleine période secondaire, et dont les enfants n'ont jamais présenté le plus petit symptôme qui rappelât la maladie paternelle ! Mais revenons à notre sujet.

Observation II. — En juin 1875, M. X..., élève de l'École des beaux-arts, vint me consulter pour un chancre infectant datant de six semaines, et qui déjà s'accompagnait de quelques taches de roséole disséminées sur le ventre et la poitrine. Je lui prescrivis des pilules de sublimé (deux par jour), et comme adjuvant, toujours utile dans le traitement de la syphilis à toutes ses périodes, de l'arséniate de soude (1 centigramme par jour) dissous dans un mélange de sirop d'écorce d'oranges amères et de sirop de gaïac. Je le prévins en même temps, suivant mon habitude, de la nécessité d'un long traitement, quinze à dix-huit mois peut-être, pour obtenir une guérison sur laquelle nous puissions compter, traitement d'ailleurs fort simple, ne devant lui imposer aucun régime spécial, ni aucune interruption dans le cours de ses études. Au bout de quinze jours le chancre était cicatrisé, et la roséole avait entièrement disparu.

Malheureusement pour lui, M. X..., d'un caractère léger insouciant, se crut alors complètement guéri, et, sans tenir compte de mes avertissements, abandonna son traitement pour reprendre sa vie habituelle, où le plaisir tenait ordinairement plus de place que le travail. Quatre mois s'écoulèrent ainsi sans qu'aucun autre symptôme apparent vînt lui signaler de nouveau la présence de l'ennemi qui circulait silencieux dans ses veines. Chancre et vérole étaient donc joyeusement oubliés, lorsqu'un jour notre jeune imprudent voulant allumer un cigare, fut tout étonné de ne pouvoir y réussir sans être obligé, à chaque bouffée qu'il en tirait, d'éternuer violemment. L'idée lui vint alors de boire un verre d'eau; mais, ô nouvelle surprise! une portion du liquide, refluant de la bouche dans les fosses nasales, reprit le chemin du verre où elle dut être vivement rejetée.

M. X..., qui demeurait dans mon voisinage, accourut aussitôt chez moi, et je pus alors — ce qui n'était que trop facile à prévoir — constater une perforation de la voûte palatine, mettant en communication directe la bouche et l'intérieur du nez. La perte de substance qui avait produit cette perforation était heureusement assez petite encore pour me laisser l'espoir d'y remédier. Deux cautérisations faites sur ses bords avec du nitrate acide de mercure amenèrent bientôt, en effet, le développement de bourgeons charnus, qui, en se rapprochant, se soudèrent entre eux de manière à combler la lacune osseuse. Il va sans dire qu'un traitement interne, mercuriel et ioduré, fut prescrit à M. X..., qui le suivit cette fois avec persévérance, et en y apportant tout le zèle que pouvait lui inspirer le désir de ne plus voir se renouveler pour lui de pareilles surprises.

Un fait singulier, plus particulièrement propre à la syphilis tertiaire, est l'indolence presque absolue, la marche lente, insidieuse, de certaines de ses lésions, même des plus graves. Ainsi, voilà un malade chez qui se produit une perforation du palais, laquelle a nécessairement exigé un long travail de mortification, et qui ne s'en aperçoit que quand ce travail est complétement achevé, quand la fumée de son cigare et le liquide qu'il veut boire lui passent par le nez! Je me rappelle un autre malade qui fut affreusement défiguré par une gomme syphilitique tellement indolente dans son développement, qu'il n'en prit aucun souci, jusqu'au jour où elle se ramollit et lui enleva, en s'ulcérant, toute l'aile droite du nez. Avis donc à ceux que menace la syphilis tertiaire; qu'ils se tiennent toujours sur leurs gardes, et n'en négligent aucun symptôme, si léger qu'il paraisse à son début.

Observation III. — Dans une maison de campagne des environs de Paris vivait, il y a quelques années, M. X..., retiré des affaires, bien qu'il fût encore assez jeune. En causant un jour avec ce monsieur, chez qui je me trouvais comme simple visiteur, j'aperçus sur son front, près de la naissance des cheveux, une assez large tache de forme ronde et de couleur cuivrée, aplatie au centre et présentant à sa circonférence un relief squameux. Le doute n'était pas possible sur la nature de cette tache; j'y reconnaissais la marque évidente et comme le cachet d'une syphilis ancienne, que M. X... ne cherchait pas sans doute à me dissimuler, puisqu'il restait tête nue devant moi. Baissant alors la voix, je lui demandai depuis quand il avait la vérole.

M. X... me répondit qu'il l'avait contractée peu de temps avant son mariage, qui remontait à dix ans. Il avait eu alors un chancre, puis la roséole, des plaques muqueuses à la gorge et divers autres accidents, qui, depuis cette époque, s'étaient reproduits presque sans intermittence. C'était peut-être pour la vingtième fois, me dit-il, que reparaissait la plaque que je lui voyais sur le front. « Du reste, ajouta-t-il, comme ma femme et mes enfants (il en avait cinq) n'ont jamais rien eu, et que ma santé générale est assez bonne, j'ai fini par en prendre mon parti, et je renonce à l'espoir de me guérir. »

Ayant ensuite demandé à M. X... quel traitement il avait suivi, j'appris qu'il n'avait jamais eu recours qu'à l'homœopathie!

Nous irions au delà de notre pensée en classant parmi les charlatans tous les homœopathes, sans exception. Nous connaissons parmi eux de fort honnêtes gens, organisés, il est vrai, pour croire au merveilleux et à l'absurde, mais par cela même, hommes de foi sincère et de droite allure. Les homœopathes prescrivent d'ailleurs le mercure contre la syphilis ; mais à quelle dose, grand Dieu ! Supposez un centigramme de sublimé jeté dans la Seine du pont de Bercy, et l'eau du fleuve prise à Auteuil pour servir de remède contre la syphilis, et vous n'aurez encore qu'une bien faible image des dilutions homœopathiques. Un vrai sectateur d'Hahnemann en tremblerait pour ses malades. Tremblons aussi pour eux et plaignons-les ; car si la foi doit nous sauver dans l'autre monde, il n'est, hélas! que trop certain qu'elle ne peut rien en celui-ci pour le salut des vérolés.

Un gros volume nous suffirait à peine pour relater ici, parmi ceux seulement dont nous avons été personnellement témoin, les méfaits de la syphilis traitée sans mercure, c'est-à-dire abandonnée à elle-même. Point n'est besoin d'ailleurs de nous arrêter plus longtemps devant la vitrine aux horreurs du musée Dupuytren. A ceux qui, trompés, par les réclames des charlatans, douteraient encore de la puissance de ce remède, nous répondrons en les engageant à suivre pendant quelque temps les visites des hôpitaux et de nos dispensaires spéciaux, et à comparer, comme nous avons pu le faire depuis vingt-cinq ans, les malades traités par le mercure dès le début de leur chancre, à ceux qui sont restés sans autre traitement que l'ingestion de drogues inutiles. Là, dans ce livre, toujours ouvert pour qui veut y chercher la vérité, ils verront bientôt quelle heureuse influence exerce sur la marche de la syphilis un bon traitement commencé à temps. Et ils n'hésiteront pas à condamner ces hommes qui, par ignorance ou en vue de coupables spéculations, ne craignent pas d'appeler à eux les faibles d'esprit, pour les laisser ensuite sans secours et sans défense contre les assauts d'une maladie toujours grosse d'orages et de périls !

—

Et d'ailleurs pourquoi, je le répète, se priver volontairement du remède qui seul — trois siècles d'observations sont là pour le dire — puisse guérir la syphilis? Écoutons sur ce point l'opinion des auteurs les plus autorisés.

J. Hunter : « Le mercure est le grand spécifique de la syphilis constitutionnelle comme du chancre. »

Ricord : « Les thérapeutistes peuvent affirmer qu'ils préviennent ou font disparaître par l'emploi du mercure les manifestations constitutionnelles dans le plus grand nombre des cas. »

Diday : « Comptez peu sur les cataplasmes, pommades, bains tièdes, etc., pour résoudre l'induration du chancre. Le traitement mercuriel a seul cette puissance ; c'est une de ses spécialités, et, à coup sûr, l'une des plus certaines. »

Gubler : « C'est principalement contre les accidents syphilitiques que se manifeste la puissance du mercure ; son efficacité se montre surtout dans la période secondaire ; néanmoins, elle est incontestable encore dans les accidents les plus tardifs de la maladie spécifique, et l'expérience justifie la conduite de ceux qui débutent toujours par des préparations mercurielles dans le traitement de la syphilis constitutionnelle avancée, alors même que la forme des lésions semble réclamer instamment l'emploi de l'iodure de potassium. »

Nous pourrions de beaucoup prolonger cette

liste. Bornons-nous à citer encore l'opinion d'un de nos jeunes confrères les plus distingués, M. H. Hallopeau, auteur d'un mémoire très remarquable et très complet sur le *Mercure, son action physiologique et thérapeutique* (1):

« Le mercure, dit-il, agit sur la syphilis à toutes ses périodes; il en fait le plus souvent disparaître les manifestations; il les modifie toujours avantageusement, et selon toute vraisemblance, il peut dans une certaine mesure, en prévenir le retour: *c'est l'antisyphilitique par excellence.*

« Son action sur le chancre est des plus évidentes; il ne le fait pas avorter, mais il en abrège la durée, et il provoque la fonte de l'induration... Son influence curative sur les accidents secondaires n'est pas moins certaine, elle peut en prévenir, ou tout au moins en restreindre le développement, en atténuer l'intensité et en accélérer la disparition. »

Sans doute le mercure peut provoquer des accidents qu'il est juste de signaler après avoir reconnu ses avantages. Mais, hâtons-nous de

1. Un volume grand in-8. Paris, 1878.

dire qu'il est toujours possible et même facile de les éviter. Comme toutes les substances douées d'une action puissante sur l'organisme, le mercure n'est à craindre que par l'abus que peuvent en faire des ignorants ou, comme nous l'avons vu plus haut, d'avides empiriques, le donnant à tout venant, sans règle et sans mesure. Pour tout remède actif, *c'est la dose qui fait le poison*. Un gramme d'opium donne la mort, un grain procure un sommeil bienfaisant. L'alcool que nous prenons chaque jour, par plaisir ou par besoin, ne devient-il pas, absorbé en excès, un des plus redoutables poisons? Ainsi en est-il pour le mercure, qui — nous pouvons en attester encore les plus grands noms de la médecine, depuis Hunter jusqu'à Ricord, notre ancien maître — est *absolument inoffensif*, administré avec prudence, suivant les règles de l'art, et à la dose strictement nécessaire pour guérir la syphilis.

Chose remarquable! le mercure, dès qu'on le donne à dose assez forte pour en obtenir des effets morbides, cesse d'agir contre le mal. Son pouvoir thérapeutique, avantage précieux pour les malades et aussi pour les médecins, ne s'exerce donc, comme l'a dit justement

M. Rollet, « qu'en deçà de la limite où il devient dangereux. »

Ajoutons enfin que le mercure, pris à dose thérapeutique, loin de rester indéfiniment dans l'organisme, comme l'ont avancé certains spéculateurs, en est, au contraire, promptement éliminé. De nombreuses expériences ont, en effet, démontré qu'il en sort par toutes les voies : par l'urine, par la sueur, la salive, le lait, etc. C'est même sur ce dernier mode d'élimination qu'est fondé le traitement bien connu des enfants syphilitiques par l'intermédiaire d'une chèvre ou de leur nourrice. De plus, nous sommes en possession, pour chasser le mercure, d'un remède certain, l'iodure de potassium, que nous ne manquons jamais de prescrire à nos malades, puisqu'il est lui-même un antisyphilitique. Les belles expériences de Nathalis Guillot et Melsens, faites en 1844, ont mis ce fait hors de doute. L'iodure de potassium se combinant avec le mercure au sein même de l'organisme, forme un iodure double et très soluble, qui, bientôt éliminé par les reins, entraîne avec lui les dernières traces mercurielles qu'un traitement prolongé aurait pu y laisser.

Arrière donc ce préjugé stupide, cette peur

insensée du mercure, qui, longuement entretenue par des charlatans qui en vivent, ferme à tant de pauvres malades leur seule voie de salut! N'oublions jamais que la syphilis, si légère qu'elle puisse paraître dans ses manifestations, est une maladie dont l'avenir est toujours menaçant. Rien n'est donc à négliger de ce qui peut en conjurer les périls : « *Si tu ne crains pas Dieu, au moins crains la vérole !* »

Pour terminer cette trop longue étude du charlatanisme médical dans ses rapports avec les maladies vénériennes, il nous resterait à en indiquer ici les caractères distinctifs, à donner le signalement, dessiner le portrait, à faire, en un mot, le diagnostic du charlatan. Mais la chose est impossible, du moins pour le charlatanisme tel que nous le comprenons et l'avons défini. Pour nous, en effet, la publicité, même extra-scientifique, ne saurait être la marque certaine du vrai charlatanisme. Tout dépend de ce qui se passe derrière le rideau. Annoncer simplement une consultation ou un livre, avec les seules indications strictement nécessaires, n'est pas, à notre avis, faire acte de charlatanisme, si la consultation est honnêtement pratiquée, si le livre est bon et n'a pour objet que de vulgariser des notions utiles et accessibles à la masse du public. Qu'il y ait là une infraction aux usages reçus parmi nous touchant la dignité professionnelle, c'est tout ce qu'on peut dire, non sans regretter cependant de voir les médecins honnêtes rester ainsi les dupes et les victimes d'un préjugé, respectable sans doute, mais qui les force à laisser le champ libre au charlatanisme, en les privant de la seule arme avec laquelle ils pourraient utilement le combattre. « La lettre tue et l'esprit vivifie, » dit la sagesse. La lettre ici c'est le préjugé, qui nous lie les mains et nous empêche d'opposer au poison le contre-poison. En attendant que l'esprit nous vienne, contentons-nous de condenser en préceptes distincts, comme nous l'avons fait pour la prophylaxie du mal vénérien, les enseignements qui précèdent sur la prophylaxie du charlatanisme.

I. Considérer, en général, comme suspecte, malsaine et de mauvaise odeur, toute annonce d'un traitement, gratuit ou payant, pompeusement qualifié de traitement *nouveau*, *radical*, *souverain*, *merveilleux*, *infaillible*, *incompara-*

ble, *supérieur à tout autre*, *etc.*, *etc.*, avec ou sans approbation de l'Académie de médecine.

II. *Idem*, toute annonce ou réclame préconisant une médecine *nouvelle*, *rationnelle*, *naturelle*, *méthodique*, *physique*, *chimique*, *physiologique*, *etc.*, *etc.*, mots vides de sens, pièges tendus à l'ignorance et à la crédulité des malades.

III. *Idem*, toute annonce de remèdes secrets, tels que pilules, sirops, mixtures, robs, élixirs ou autres composés pharmaceutiques, proposés comme *dépuratifs*, *sudorifiques*, *antivénériens*, *etc.*, *etc.*

IV. *Idem*, toute annonce dont l'auteur se pare de titres mensongers ou insignifiants, tels que: *Médecin de la Faculté de Paris*, pour faire croire qu'il est docteur, quand il n'est qu'officier de santé; *Professeur de médecine ou de botanique*, ce qui n'est pas un titre, puisque tout citoyen a le droit d'enseigner la médecine ou la botanique à son concierge; *Membre de plusieurs académies ou sociétés savantes*, ce qui est nécessairement faux, attendu qu'aucune société de ce genre n'accepterait ou ne garderait au nombre de ses membres un médecin qui commettrait de pareilles annonces.

V. *Idem*, toute annonce d'un cabinet médical annexé à une pharmacie, et disposé de telle manière que l'on ne puisse sortir de l'un sans passer par l'autre et s'y arrêter pour acquitter le prix de la consultation gratuite.

VI. Fuir comme la peste la lecture des livres de médecine *à l'usage des gens du monde*, c'est-à-dire à l'usage de gens qui ne peuvent les comprendre, et à qui l'auteur est libre, par conséquent, de dire tout ce qu'il veut pour les effrayer et les attirer dans sa boutique.

VII. Dans toute consultation dite gratuite, ne jamais accepter de la main du médecin des médicaments préparés d'avance, et au moyen desquels il vous fera payer la susdite consultation dix fois ce qu'elle vaut. Refuser également ou conserver pour autre usage toute ordonnance qui ne pourrait être exécutée que par un pharmacien qu'il vous aurait lui-même indiqué.

VIII. Exiger de tout médecin que vous consulterez, gratuitement ou en le payant, une ordonnance ne contenant que des médicaments connus et formulés de manière à *pouvoir être préparés par tous les pharmaciens*.

Si tous les malades voulaient suivre ces préceptes, les deux derniers surtout, le charlatanisme médical, au moins dans l'espèce qui nous occupe, aurait vécu. Mais ici encore je crains bien de n'avoir prêché que dans le désert. Au médecin honnête et instruit, qui guérit sans bruit et souvent sans autre récompense que le sentiment du bien accompli, la foule des malades préférera toujours l'empirique ignorant qui l'éblouit et l'exploite. Le public, comme les enfants, aime la fanfare et le panache. Et voilà pourquoi le charlatanisme est immortel, en politique, en religion, aussi bien qu'en médecine.

Charlatans poilus en république, chamarrés sous les rois, charlatans sous le froc ou la soutane, charlatans du comptoir, de la finance, vous êtes nos maîtres! *Vulgus vult decipi...*

Un jour peut-être, dans un siècle ou deux, quelque amateur, bouquinant sur le quai Voltaire, trouvera ce livre dans la boîte à cinq sous, en donnera quatre, et l'emportera. Et je l'entends d'ici se disant après l'avoir lu : Si les temps sont changés, c'est toujours même chose!

RÉCITS ANECDOTIQUES

SUR LES

DANGERS DE LA VIE DE GARÇON

LE MODÈLE

Heureux les peintres que leur mérite conduit à la fortune, ou tout au moins à *l'aurea mediocritas*. Choyés, fêtés de tous, leur atelier devient un joyeux salon où la liberté, la pointe de familiarité qui y règnent n'entravent pas les relations de bonne compagnie. Un de mes amis, jeune peintre d'avenir, déjà remarqué aux expositions, a élu domicile dans un des nombreux ateliers du boulevard extérieur qui avoisinent Montmartre, en attendant le petit hôtel de l'avenue de Villiers, qui viendra bientôt, je l'espère. Son genre est académique; mais aux torses

15.

musculeux des athlètes, il préfère les contours adoucis et les fermes rondeurs du corps féminin. Cela se vend mieux, paraît-il.

Un matin j'arrivais chez lui ; il était en train de travailler à un tableau de moyenne dimension, dont le sujet rappelait la cruche cassée de Greuze, mais où la figure principale était nue et entière. Il vint au devant de moi et, comme j'étais un intime de la maison, son modèle ne se dérangea pas. Mes regards allaient naturellement de la belle fille qui posait au tableau presque achevé, quand, bientôt après, mon ami, interrompant la séance, permit à Marthe, c'était le nom du modèle, de cesser la pose.

Malgré ton grand talent, dis-je au jeune peintre, tu n'as pas copié fidèlement d'après nature ; tu as oublié les nombreuses constellations déjà pâlies, répandues sur le corps et les membres de cette fille.

— Mais c'est là seulement une floraison printanière : la chair de Marthe est si fine, si délicate, qu'un rien suffit pour la rougir.

Marthe rougit en effet, car elle s'était bien aperçue que j'avais deviné la nature de son mal.

— Regarde, mon ami, comme ces floraisons, j'emprunte ton langage, sont disposées, regarde les demi-cercles ou les cercles entiers qu'elles forment par leur assemblage; considère, toi qui es coloriste, leur teinte rougeâtre, assez semblable à celle du jambon que tu aimes à manger le soir, à la brasserie, arrosé de bière de Munich. Vois, parmi ces taches, les unes sont plates, sans saillie, tandis que d'autres s'élèvent au-dessus de la peau, comme autant de petites lentilles entourées à leur base, d'une collerette blanchâtre d'épiderme. Si Marthe le permet, peut-être pourras-tu sentir, en appliquant tes doigts au pli de l'aine de chaque côté, un groupe de deux ou trois petites tumeurs, grosses comme des noisettes, dures, élastiques, mobiles ou immobiles sous la peau qui glisse à leur surface. Ne crains pas d'appuyer; elles sont indolentes. Tes modèles, heureusement pour toi, ne sortent jamais de leur rôle artistique; mais si un jour, la chair est faible, tu te laissais entraîner, défie-toi des floraisons printanières, des éruptions de sang et autres artifices de langage, sous lesquels la galanterie se plaît à masquer la vérité.

— S'il faut cependant pour reconnaître la

vérole chez une femme, que celle-ci soit en costume préhistorique, celui de notre mère Ève, d'amoureuse mémoire, je crains fort que cette découverte, laquelle, en pareil cas, serait presque toujours trop tardive, ne laisse que d'amers regrets et de cruelles appréhensions.

— Détrompe-toi, d'autres signes permettent de constater qu'une personne, même habillée et, qui plus est, sans qu'elle s'en doute, est atteinte de syphilis : tels sont les ganglions de la nuque, les plaques muqueuses des lèvres, de petites granulations jaunâtres dans le sillon qui sépare des joues les ailes du nez, les papules cuivrées de la paume des mains, du visage, du front où souvent elles se groupent en couronne, l'aspect terne, la sécheresse des cheveux, l'état ridé des ongles et l'altération de leur contour.

Mais ces stigmates ne sautent point aux yeux; pour les voir, il faut les chercher, les bien connaître, car au moment où la syphilis est le plus contagieuse, c'est-à-dire pendant les premiers mois de son évolution, il n'est pas rare qu'elle se dissimule sous l'apparence de la santé la plus parfaite. Regarde la fraîcheur du visage de ton modèle, ses lèvres roses et souriantes qui semblent appeler le baiser; derrière elles cependant, sur la langue, les amygdales, le voile du palais, il se peut que la plaque muqueuse n'attende que ce doux contact pour faire une nouvelle victime!

— Je ne comprends pas bien, dit le peintre, la crainte, l'effroi qu'inspire la syphilis, si tout se borne aux symptômes que tu viens de m'indiquer; cette maladie me paraît plutôt constituer une gêne, un ennui, une peine morale, qu'un danger réel, à en juger, du moins, par le peu d'influence qu'elle semble exercer physiquement sur nombre de personnes.

— Il est vrai que la syphilis n'est pas toujours de forme grave; très souvent, surtout lorsqu'elle est reconnue à temps et bien traitée, elle ne fait, pour ainsi dire, qu'effleurer le corps. C'est comme un mauvais souffle qui passe sur lui et le secoue sans le blesser sérieusement; mais dans d'autres circonstances, lesquelles ne sont encore que trop nombreuses, elle éclate dans toute sa malignité.

— Quelle est donc la marche de ce fléau?

— Après un rapprochement sexuel où le germe de la syphilis a été recueilli, trois semaines, un mois se passent sans que le moindre symptôme éveille l'attention. Alors apparaît, au lieu même du contage, une érosion rougeâtre, de grandeur variable, couleur de muscle ou de jambon et portée sur une base indurée. Cette érosion, ce chancre ou *syphilome*, comme nous l'appelons encore, évolue lentement, guérit de lui-même en quatre ou cinq semaines, et laisse à sa suite un noyau dur, lequel persiste assez longtemps. Dès la première semaine qui suit l'apparition du syphilome, les ganglions de l'aine s'hypertrophient, s'indurent, en général, de chaque côté et forment la *pléiade ganglionnaire* dont je t'indiquais tout à l'heure les caractères.

Dès que l'érosion infectante est constituée, le virus, le microbe pour employer le langage moderne, se multiplie et prend possession de l'organisme tout entier. Cet envahissement, dont la durée est de deux mois en moyenne, est d'ailleurs généralement indiqué par un certain état de faiblesse, de prostration légère, de courbature, d'inaptitude au travail et, quelques jours avant la période éruptive, par des troubles nerveux variables, de la céphalée ou autres douleurs nocturnes, une fièvre modérée, etc., phénomènes morbides beaucoup plus accentués chez la femme que chez l'homme, où ils passent ordinairement inaperçus.

C'est alors qu'apparaissent les accidents dits secondaires ; les surfaces cutanée et muqueuse sont leurs lieux d'élection : taches rosées, marbrures de la peau disparaissant sous la pression du doigt, papules à collerette blanchâtre d'épiderme, plaques muqueuses, ganglions hypertrophiés, alopécie partielle, tu connais tout cela. La durée de cette période secondaire, justement surnommée *virulente*, car ses manifestations humides sont éminemment contagieuses, est indéterminée ; elle peut varier de quelques mois à quelques années. Dans les syphilis bénignes, la force du virus s'épuise avec ces accidents, la maladie ne va pas au delà.

Dans les syphilis de moyenne intensité, après un an de durée environ, surgissent des lésions dites *intermédiaires* ou de *transition* qui, plus sérieuses que les précédentes, ne présentent pas encore cependant la gravité qu'elles acquièrent dans la période tertiaire, dont je te parlerai tout à l'heure. Ce sont des ulcérations grandes ou petites, recouvertes de croûtes d'un vert noirâtre et laissant, à leur suite des cicatrices fauves, presque indélébiles. Suivant leur dimension nous les nommons *ecthyma* ou *rupia*.

Un accident des plus dangereux, puisqu'il peut entraîner la perte de la vue, se produit parfois à cette époque; c'est l'inflammation de la membrane *Iris*. Avis aux peintres qui, comme toi, passent des heures, des journées entières à brosser, puis à lécher leurs toiles du bout de leur pinceau, aux hommes de lettres, aux micrographes, aux graveurs. Qu'en pareil cas, ils ménagent leurs yeux et les préservent de congestions qui invitent le microbe à s'y fixer.

Nous voici au seuil de la troisième et dernière étape de la maladie, la *syphilis tertiaire*, qui tantôt suit de près la période secondaire et se confond même avec elle, tantôt, au contraire, n'est qu'un réveil du virus endormi depuis de longues années, pendant lesquelles le malade avait pu se croire complétement guéri. Le mal ne va plus alors se contenter des accidents de surface; c'est le derme dans toute son épaisseur, le tissu cellulaire, les muscles, les viscères qui vont subir ses atteintes. Des tubercules et des gommes amenant la destruction d'une aile du nez ou de toute autre partie du corps ; la carie, la nécrose, les tumeurs des os, la perforation du palais, l'ozène, les paralysies partielles, l'ataxie, la paralysie générale, la cécité, la démence, l'épilepsie, la mort même par l'envahissement de viscères essentiels, telles seront les conséquences de ces syphilis graves, soit par elles-mêmes, soit devenues telles par l'incurie, l'insouciance des malades, ou plus souvent aussi par l'ignorance, les promesses menteuses des charlatans.

Ce n'est pas tout encore, et ceci s'applique aussi bien aux syphilis légères qu'aux syphilis graves : l'enfant sera la victime de sa mère empoisonnée ; le plus souvent il mourra dans son sein. S'il naît viable, il en sortira comme atrophié, la peau jaune, ridée, le faisant ressembler à un petit vieillard, voué à une mort prochaine ou condamné à traîner, durant toute sa vie, le triste héritage d'une santé débile.

Voilà, mon cher, le bilan de la syphilis.

— Mais alors comment ne cherche-t-on pas, par des règlements plus sévères, à conjurer de semblables cataclysmes.

Les mesures sanitaires actuellement en vigueur ne sauraient, à mon sens, être dépassées, sans porter une grave atteinte à la liberté individuelle ; mais il est un moyen plus sûr d'enrayer ce fléau, c'est de le mettre en lumière, de le démasquer en vulgarisant la notion, accessible à tous, des *signes extérieurs de la syphilis*, de ceux qu'il est possible, dans les préliminaires de toute aventure galante, de reconnaître *de visu* et sans le secours de l'art médical.

SUR LE BOULEVARD

J'étais interne à l'hôpital Saint-Louis dans un service de chirurgie justement célèbre entre tous, lorsque mon ami de B..., jeune avocat attaché au barreau de..., fit irruption dans ma chambre.

— Je t'accapare jusqu'à demain, dit-il. Quand nous autres ruraux, nous mettons le pied à Paris, nous voulons, véritables ogres, en savourer tous les plaisirs à la fois; le jour et la nuit ne sont pas de trop.

— Prends garde, peut-être songeras-tu bientôt au mariage; n'oublie donc pas dans tes aventures, si tu en cherches, que les roses, à Paris beaucoup plus qu'ailleurs, cachent souvent, sous leur corolle, de perfides épines. Mais je refuse de t'accompagner, car l'excursion nocturne que tu me proposes ne saurait convenir à un interne de quatrième année, surtout lorsqu'il vient de subir avec succès son examen d'hygiène. Passe encore pour un avocat, sous prétexte d'étude de mœurs.

— Tu viendras, tu ne peux refuser, il n'y a pas d'excuse ; tu sais combien je me laisse facilement entraîner ; peut-être pourras-tu me signaler certains dangers, que, sans toi, je ne saurais éviter, et m'épargner ainsi une catastrophe. Je ne t'accapare plus, je te requiers pour cause de salut personnel.

— Alors je n'accepte pas, j'obéis, mais seulement pour être ton Mentor si l'occasion s'en présente.

Au déclin d'une belle journée d'avril, nous nous installions sur la terrasse d'un restaurant à la mode, où le moka et les havanes nous retenaient facilement jusqu'à dix heures. Jugeant le moment des plaisirs faciles arrivé, de B... m'entraîna vers le grand hall de la rue Richer où les bergères qu'on y rencontre ne sont pas précisément celles décrites par Florian. Après quelques tours de promenoir, nous nous asseyons dans une de ces parties retirées, et qui semblent ménagées *ad hoc*, sur le pourtour du jardin couvert. Bientôt une grande fille blonde, l'air fatigué, mais assez jolie, et élégamment mise, vient se placer près de nous. Déjà de B... la déshabillait du regard, lorsque, sous prétexte d'agacerie, passant la main sur sa nuque, je sentis, du bout des doigts, trois petites boules assez dures cachées sous la peau, ayant chacune à peu près la forme et les dimensions d'une noisette. Je me levai aussitôt et, profitant de ce qu'elle avait le cou tendu et la tête baissée, je pus apercevoir, émergeant de la ruche du corsage, une demi-couronne de taches rougeâtres, qu'un fard mal appliqué dissimulait incomplètement. J'avertis discrètement de B... ; il se leva, lança un sourire moqueur à la belle désappointée, et nous sortîmes aussitôt.

— Mal débuté, mon cher de B..., je crois que tu devrais t'en tenir là.

— Non, non ! je veux encore et quand même m'enivrer de mon Paris d'autrefois.

Nous nous rendons alors dans un de ces brillants cafés du boulevard où fourmille un public féminin tout spécial. Ici même scène. Une petite brune, bien en graisse, affriolante, s'approche de notre table. Le dialogue d'usage en ces sortes d'endroits recommençait entre elle et de B... lorsque, profitant, pour lancer un regard scrutateur, du moment où elle retirait ses gants, j'aperçus vers le milieu de la paume de sa main cinq ou six petites papules plates d'une teinte rouge cuivré. Je pressai aussitôt sur le pied de mon ami, lui indiquant d'un signe ce que je voyais. Quelques minutes après nous laissions la pauvre fille assez étonnée de ce brusque abandon ; elle ne s'était absolument douté de rien.

Malgré ces avertissements répétés, nous entrons dans une brasserie de femmes ; inutile d'indiquer laquelle, elles sont toutes semblables. Après avoir jeté sur les servantes le coup d'œil d'ensemble traditionnel, nous nous asseyons à côté d'une grosse et belle fille, certainement venue d'Allemagne et se faisant passer pour Alsacienne. Pendant qu'on vidait les bocks, la même pantomime que les précédentes recommençait entre cet infatigable de B... et l'Alsacienne d'occasion. Mais devenu très méfiant à la suite des mésaventures de la soirée, et désireux, en apparence, d'admirer la belle rangée de dents que découvrait cette fille en riant aux éclats, je relevai légèrement sa lèvre supérieure, et je vis, en dedans de cette lèvre, près de la commissure, deux petites plaques grisâtres... *Latet anguis in ore*, m'écriai-je, et cinq minutes après nous étions dehors.

Deux heures du matin sonnaient; toutes les brasseries se fermaient, que faire! De B... me conduisit alors dans un de ces grands cafés restaurants, lesquels, sous prétexte de donner à souper à la sortie des théâtres, restent ouverts jusqu'au jour. Nous étions là dans un monde d'horizontales d'un genre moyennement relevé, de soupeuses comme on dit, et pourtant voyez la malechance, ce pauvre de B... fut encore obligé de partir comme il était venu!

Une très jolie fille, toute couverte de dentelles, la poitrine demi-nue, les cheveux très bas sur le front, l'air étrange, se mit à nous fixer. Sur un simple signe elle s'approcha. Sa conversation était curieuse, piquante même, car, avec une désinvolture parfaite, elle nous révéla sur des hommes politiques assez en vue certains détails intimes, où la soi-disant austérité républicaine était certainement reléguée fort loin. Tout allait pour le mieux, lorsqu'une inspiration soudaine me prit. Simulant un geste maladroit, je relevai la couronne de cheveux soigneusement appliquée sur son front, de manière à dissimuler une autre couronne... que Vénus y avait placée. Je dois ajouter d'ailleurs que trois petites papules disposées en croissant sur le menton, à peine grosses comme des lentilles, presque invisibles sous le fard, avaient déjà attiré mon attention.

Et de quatre, dis-je en sortant! Je pense que tu dois en avoir assez, et qu'il est temps de nous reposer au moment où le coq commence à chanter.

— C'est ce que je vais faire. Demain je repartirai dans ma bonne ville ; seulement tu devrais bien, à titre d'exemple, raconter notre équipée, promets-le moi ; tu sais qu'un avocat d'assises est toujours doublé d'un philanthrope.

— Ce qui n'empêche d'être philogyne, répliquai-je. Je promis à de B..., en lui serrant la main une dernière fois, d'écrire notre odyssée; aujourd'hui je tiens parole.

DE MINIMIS

Voyageant en Europe, il y a quelques années, j'assistais, dans la capitale d'un pays voisin, à la visite de filles soumises que passait le médecin de l'hôpital. Les observations cliniques que j'ai relevées, pendant cette inspection sanitaire, m'ayant paru du plus haut intérêt pour le diagnostic et la prophylaxie de la syphilis, je m'efforcerai de reproduire cette scène aussi fidèlement que possible.

Elles sont là, demi-nues, anxieuses, attendant l'arrivée du médecin en chef qui doit leur délivrer une patente nette ou les faire incarcérer dans un hôpital de circonstance. Bientôt apparaît le docteur, accompagné de quelques aides. Il se place devant le fauteuil spécial bien posé en lumière ; les élèves font cercle autour de lui et le défilé commence.

Une grosse fille, jeune encore, novice dans le métier, s'installe pour la visite et, par un reste de pudeur, met les mains sur ses yeux. Le maître manifeste bientôt une certaine inquiétude : il vient de découvrir une érosion à fond rougeâtre, il la presse entre le pouce et l'index, bien en travers, et constate au-dessous d'elle une très légère résistance. Non loin de là se dessinent sous la peau deux petites tumeurs dures, élastiques, indolentes : son opinion est faite.

— Messieurs, dit-il aux assistants, quel est votre avis sur cette tache rougeâtre? Tous palpent, examinent, et les opinions sont les plus diverses. Les uns ne voient là qu'un coup d'ongle, les autres pensent à une excoriation dartreuse sans importance, ou attribuent simplement cette rougeur à des excès professionnels ; un dernier scrutateur, après mûre réflexion, déclare reconnaître les signes de l'herpès. Pas de chance ! dit alors le maître, c'est d'un chancre infectant qu'il s'agit, et aucun de vous ne l'a diagnostiqué.

— Mais, observa respectueusement le plus jeune des assistants, je m'imaginais qu'un chancre, comme son nom l'indique, était toujours un mal grave, creusant, térébrant, dévorant les tissus, et je ne vois là qu'une lésion d'apparence anodine, si insignifiante même que la malade, au moins d'après son dire, ne s'en était pas aperçue.

— C'est là justement une erreur par trop répandue, même encore de nos jours, où pourtant ces faits sont établis de longue date. Le chancre infectant, surtout chez la femme, est assez souvent de forme essentiellement bénigne. A peine douloureux, il peut se dissimuler complétement. C'est même là une des causes les plus communes de la propagation de la syphilis; car jamais les malades, qui ne voient dans leur chancre qu'un bouton, un *bobo*, moins que rien, ne sauraient s'imaginer que ce rien, que cette écorchure soit le début d'un mal aussi sévère dans ses conséquences. On dirait que la syphilis ne se montre aussi timide à son début que pour faire plus sûrement de nouvelles victimes. Vous remarquerez cependant que votre examen, en général, a été incomplet; si vous aviez interrogé les aines, si vous les aviez palpées, vous auriez senti la pléiade ganglionnaire spécifique et votre diagnostic était fait.

— Mais, dit un autre, je pensais que tous les chancres syphilitiques étaient indurés, et j'avoue qu'ici je ne puis sentir la moindre consistance cartilagineuse, élastique des tissus.

— Encore une erreur ou plutôt un défaut d'observation, mon jeune ami. Vous n'avez fait qu'appliquer le bout du doigt sur ce chancre, que le pousser, pour ainsi dire; saisissez-le donc bien en travers, soulevez-le entre vos doigts, et vous percevrez au-dessous de l'érosion, une résistance dite *parcheminée*, c'est-à-dire analogue à celle que donnerait une mince feuille de parchemin qu'on essayerait de voûter en comprimant ses bords. Quoique la résistance de sa base soit légère, ce chancre est donc bien réellement induré : cette disposition *parcheminée* ou *foliacée* est d'ailleurs assez commune chez la femme. Dans quelques cas, tout à fait exceptionnels, l'induration pourrait même faire complétement défaut. Aussi, rappelez-vous à ce propos, qu'un chancre manifestement mou, chez l'homme comme chez la femme, peut bel et bien se transformer, au bout d'un temps variable, en un chancre infectant [1].

1. S'il est possible, dans la grande majorité des cas, d'affirmer qu'un chancre sera suivi des accidents secondaires de la syphilis,

Après plusieurs filles reconnues saines, en voici une qui présente, profondément cachées, quatre ou cinq plaques lenticulaires, rosées, insignifiantes par elles-mêmes, si peu sensibles qu'elles avaient passé inaperçues de la malade. Celle-ci, ainsi que le montrait le registre d'observations, avait été atteinte de la syphilis dix-huit mois auparavant; d'ailleurs le diagnostic, en pareil cas, n'était pas douteux, car elle portait, en outre, des ulcérations blanchâtres spécifiques sur les amygdales et sur les piliers du voile du palais. On se trouvait donc en présence de *syphilides érosives.*

— Messieurs, dit le maître, encore un trompe-l'œil, encore une source de contagion qui se dissimule sous une lésion des plus minimes. Voyez ces érosions rondes ou ovales, ayant leurs congénères sur le côté opposé; leur largeur est celle d'une pièce de vingt centimes environ, leur fond est rosé, elles sont absolument planes, leur durée est très courte ; dans quelques jours, à la suite de simples soins d'hygiène, il est probable qu'il n'en restera

on ne peut, dans aucun cas, affirmer qu'un chancre, quel qu'il soit, ne donnera pas la vérole. (Ed. LANGLEBERT : *Aphorismes sur les maladies vénériennes.* 2e édit., p. 116, aph. 14.)

plus trace, et pourtant cette femme est susceptible, durant cette période, de transmettre son mal; elle est donc éminemment dangereuse, car l'indolence même de la lésion, ainsi que l'absence de gonflement et de prurit peuvent la lui laisser ignorer.

Quels soucis de moins avaient les médecins, lorsque ces plaques muqueuses étaient regardées comme incapables de transmettre la syphilis; mais aussi quel nombre de victimes!

— Il fut donc un temps où une erreur si funeste eut force de loi?

— Cette époque est à peine éloignée de nous de quelques trente années. Sans doute, la plaque muqueuse, lésion essentiellement secondaire, ne reproduit pas, par contagion, une autre plaque muqueuse; *mais elle engendre l'accident initial de la vérole, le chancre,* dont elle est même la source la plus commune.

C'est au docteur Ed. Langlebert que revient le mérite d'avoir, le premier, signalé ce fait d'une importance capitale, et mis ainsi à néant une doctrine aussi fâcheuse que retentissante, qui favorisait, dans une mesure énorme, la propagation de la syphilis et, chose plus triste encore, pouvait conduire à de graves dénis de justice.

Les filles continuaient leur défilé, quand on en vit arriver une un peu gênée dans sa marche et retenant, à grand'peine, une envie furieuse de se gratter. En l'examinant, on découvrit un pointillé de petites ulcérations rougeâtres et arrondies, de la grosseur d'une tête d'épingle environ, assez analogues aux plaques muqueuses décrites dans l'observation qui précède, mais en général plus petites. Elles provenaient de la rupture de vésicules dont quelques-unes restaient encore intactes. Cependant plusieurs de ces érosions formaient, en se réunissant, des ulcérations plus larges, à contour festonné. Cette région était, en outre, le siège d'une ardeur cuisante et d'une démangeaison vive.

— Ici, point de doute, l'*herpès* se dévoile de lui-même. Le grand nombre et la petite dimension des plaques solitaires, le contour festonné de celles qui se sont agglomérées, la cuisson, le prurit, les distinguent suffisamment des plaques muqueuses érosives, dont l'indolence est le principal caractère.

Cette malade, la dernière, allait se lever pour partir lorsque le maître lui commanda de rester :

— Rappelez-vous, Messieurs, dit-il, que toute éruption herpétique peut n'être que symptomatique, c'est-à-dire peut se montrer comme la conséquence d'une irritation de voisinage déterminée par un mal de plus grande importance. Complétons donc notre examen, visitons les profondeurs.

S'armant alors de l'instrument à deux valves brillantes, si bien désigné par Ricord sous le nom de *miroir de la vérité*, il découvrait bientôt sur le col de l'utérus, près de son orifice, un chancre infectant, sorte de large papule grisâtre, légèrement érodée :

— Voyez, s'empressa-t-il d'ajouter, on ne saurait être trop méfiant. Le chancre de l'utérus est passager, fugace, d'une indolence absolue, et comme il se dérobe à l'œil nu, il importe de ne jamais négliger l'examen de cet organe. Ce syphilome, heureusement assez rare, est donc une cause de contagion qu'il faut bien connaître et savoir découvrir.

La visite sanitaire étant terminée, le maître se leva et, pendant qu'escorté de ses élèves il gagnait la sortie de l'hôpital, il prononça ces derniers mots :

— Rappelez-vous, gravez bien dans votre

mémoire, que la syphilis, par une sorte de trahison de la nature, aime à se montrer souvent sous les apparences les plus bénignes, celles qui attirent le moins l'attention, qui, chez la femme, sont parfois à peine visibles. Gardez-vous donc des lésions les plus minimes, scrutez-en minutieusement la nature, *de minimis curet medicus.*

CONSÉQUENCES

D'UNE ERREUR DE DIAGNOSTIC

Un jeune docteur, sorti depuis une année à peine des bancs de l'Ecole, est installé dans son cabinet de consultation. Il n'est pas le premier venu. Il a travaillé consciencieusement, a visité avec régularité les hôpitaux et les cliniques, ses livres de pathologie fatigués et usés font preuve d'un labeur assidu. On sonne. Un client sans doute. Mais non, son domestique lui apporte une lettre : ennuyé, il la décachète lentement et lit les lignes suivantes :

Monsieur,

Si je vous attendais ce soir au coin de votre porte, non comme un assassin, mais comme un justicier, pour vous faire payer de la vie le dommage terrible que vous m'avez causé, soit par votre ignorance, soit par votre légèreté, il n'est aucun jury qui me condamnerait. Précisons les faits : il y a six mois, vous ayant été adressé par un de vos amis, je vous montrai sur un organe intime une petite excoration d'insignifiante apparence. Je vous demandai ce que vous en pensiez, ajoutant que j'attachais à votre diagnostic la plus grande importance, car je devais bientôt me marier. Vous m'avez alors soigneusement examiné et, sous prétexte que cette petite excoriation n'était pas indurée, qu'elle était le siège d'une certaine démangeaison, que ses bords se découpaient plus ou moins en festons, vous m'avez affirmé ne voir là qu'un herpès.

En conséquence, et d'après votre avis réitéré sur ce point, je pouvais donc honnêtement, loyalement contracter mariage. Fort de votre diagnostic qui me charmait, je laissai aller les choses. Quinze jours après j'étais marié.

Après trois mois écoulés, nous avions, ma femme et moi, le corps couvert de papules et de taches rougeâtres. Croyant à une simple maladie de peau, nous allâmes consulter un médecin spécialiste qui m'apprit l'affreuse vérité : tous les deux nous étions vérolés. Tout cela, monsieur, par votre faute, car s'il était difficile ou même impossible de reconnaître au début la nature de mon mal, vous pouviez au moins me conseiller d'attendre, m'engager à prétexter une excuse pour remettre mon mariage de quelques semaines. Mais non! Vous avez voulu faire le savant, montrer votre infaillibilité, et aujourd'hui ma femme est empoisonnée jusque dans les moelles, et mes enfants, s'ils naissent viables, ce qui est douteux, ne sauraient échapper au mal qui nous ronge. Au lieu des joies de la famille, c'est l'enfer où votre imprudence m'a jeté. Que cette lettre au moins vous serve d'exemple, qu'elle vous rende à l'avenir plus prudent quand vous aurez à vous prononcer en semblable circonstance.

Tout atterré, notre jeune docteur courut chez un de ses maîtres, pour lui montrer cette lettre et lui demander conseil.

— Vous venez de faire là pour vos débuts, une fâcheuse école, soyez à l'avenir plus réservé dans vos jugements. Oh! je connais les malades, depuis bien des années j'en ai l'expérience. Ils viennent vous montrer une lésion, vous renseignent, en général, fort mal sur ses causes probables et vous disent : « Docteur, qu'est-ce que cela? » Dans leurs yeux on lit qu'ils réclament une réponse immédiate. Quelle joie! quand on peut leur affirmer qu'ils n'ont rien, que leur crainte est chimérique, que l'éraillure est superficielle, sans conséquence, que le virus n'y a pas pénétré. Mais c'est là une affirmation dont il faut être parcimonieux à l'excès, car on peut se tromper, de semblables erreurs ont été commises par les plus expérimentés. Songez encore qu'un chancre infectant, à cause de sa longue période d'incubation, peut quelques semaines après, le mariage étant conclu, se développer à l'endroit même où existait une lésion banale, telle qu'un herpès, un chancre simple, une légère excoriation.

Comme corollaire à cette observation, absolument authentique quant au sujet même du récit, je reproduirai le passage suivant de mon *Traité pratique de la Syphilis* [1].

BÉNIGNITÉ LOCALE DU CHANCRE INFECTANT. — Un mois s'est écoulé depuis l'inoculation; la période d'incubation est accomplie, le chancre apparaît : quelle en est la physionomie? On voit d'abord se dessiner sur la peau ou sur la muqueuse une petite tache se bombant bientôt en une papule rougeâtre ou bronzée. Cette papule grandit, s'étale pendant les trois ou quatre jours qui suivent, puis sa surface se recouvre d'écailles épidermiques ou d'un enduit épithélial qui s'exfolient pour faire place à une érosion très superficielle. Après un septenaire environ, si on vient à prendre cette érosion entre les doigts, suivant un de ses diamètres, on constate, par une pression modérée, qu'elle repose sur une base dure, ayant la consistance du cartilage ou simplement celle d'une feuille de parchemin. Tel est le chancre infectant à son début.

1. Dr LANGLEBERT, *Traité pratique de la syphilis*, p. 31.

Ainsi cette petite lésion, en apparence méprisable, insignifiante, presque complètement indolente, parfois difficile à découvrir quand elle se trouve dissimulée, comme chez la femme, au fond de quelque repli muqueux, est le premier accident de la syphilis acquise. Ce contraste saisissant entre la bénignité de l'accident primitif et les désordres si graves, parfois si dramatiques qui se développent dans la suite, est de la dernière importance à bien connaître, car cette notion mettra le médecin en garde contre une interprétation souvent trop optimiste, à propos d'une lésion qui se dissimule, pour ainsi dire, sous sa légèreté.

COUP DE CANIF

On vient de courir le grand prix. La société parisienne, semblable aux oiseaux migrateurs, s'envole vers les côtes de l'Océan et autres stations balnéaires. La plupart des femmes attendent ce moment avec impatience, et celles dont les maris se montrent récalcitrants, leur exhibent bien vite une ordonnance de médecin déclarant, *ex professo*, le séjour à la mer ou dans une ville d'eaux indispensable pour combattre leur chloro-anémie, leurs palpitations, leurs nerfs surexcités, pour avoir des enfants, que sais-je encore!

Si certains maris en sont contrariés et envoient mentalement au diable le médecin et son ordonnance, d'autres sont d'humeur plus accommodante et pas trop fâchés, au fond, d'une séparation momentanée qui leur redonne pendant un mois et plus, la liberté complète de la vie de garçon. Ils prennent d'ailleurs régulièrement le train du samedi pour aller rendre à leurs épouses les hommages auxquels elles ont droit ; mais ils omettent d'intercâler, dans le compte rendu des événements de la semaine, les soirées passées au Cirque, à l'Hippodrome, au Jardin de Paris ou aux Montagnes Russes.

Tel est le cas du ménage G... : Madame est depuis quelques jours à Deauville, Monsieur, à peine âgé de trente-six ans, reste à Paris, pour surveiller les intérêts de la maison.

Certain vendredi soir, G..., accompagné d'un ancien camarade de collège, se promenait donc dans les couloirs de l'Hippodrome, lorsque deux élégantes vinrent à les croiser. La nuit était chaude, l'occasion tentante et, le diable aidant, on alla souper à quatre. . . . . .
. . . .

Un mois s'est écoulé depuis cette aventure, et comme G... est, somme toute, un loyal et honnête homme, il s'est bien gardé de renouveler son escapade, car les vives inquiétudes qui l'ont assailli pendant une huitaine de jours lui ont fait payer trop cher un plaisir de quelques instants. Mais rien d'insolite ne s'est montré, le souvenir même de ce léger coup de canif s'est effacé.

Sa femme doit revenir dans la journée; tout est préparé pour la recevoir comme il convient. Il est d'ailleurs charmé de ce retour car, si la première semaine d'absence ne lui a pas été précisément lourde, il commence aujourd'hui à trouver le temps long.

Ce renouveau durait depuis trois jours, lorsque G... ressentant, sur un organe intime, un léger prurit, eut la curiosité d'y jeter un coup d'œil. Il aperçut alors une petite érosion rougeâtre, de la largeur d'une grosse lentille, à peine sensible, d'insignifiante apparence. Bah! se dit-il, c'est un *bobo*, une simple écorchure; rien d'ailleurs ne pourrait être la cause de quelque accident, puisque depuis un mois je n'ai commis aucun écart extra-conjugal. Toutefois, pour plus de sécurité, il va consulter un pharmacien médicastre. Celui-ci, après avoir braqué ses lunettes et longuement inspecté l'organe, déclare ne rien constater de grave, que c'est là, tout au plus, un simple herpès, résultat de l'âcreté du sang; un peu de pommade calmante, un flacon de sirop dépuratif, quelques pilules du Maroc, une cuillerée à café, matin et soir, de poudre abyssinienne et tout sera dit.

G..., ayant largement remercié, part tout à fait rassuré. Rentré chez lui, il laisse ses drogues dans son armoire et ne se sert que de la pommade, jugeant le reste compliqué et superflu pour traiter une aussi simple érosion. Ajoutons encore que devant les assurances formelles qui lui avaient été données, il n'abandonna pas le lit conjugal.

Huit jours se passent et non seulement l'érosion ne disparaît pas, mais elle s'agrandit et quelques nodosités très dures, indolentes, se soulèvent dans les aines; aussi, malgré son optimisme, G... finit-il par s'inquiéter sérieusement et par aller demander une consultation médicale.

Introduit devant le médecin, celui-ci, malgré l'apparence encore bénigne de la lésion, reconnaît aussitôt qu'il s'agit d'une syphilis à son début.

— Êtes-vous marié?

— Oui docteur.

— Excusez d'avance la question que je vais

vous poser : n'avez-vous pas, dans ces derniers temps, comment dirai-je ? n'avez-vous pas donné un coup de canif dans le contrat?

— C'est malheureusement exact, docteur, mais depuis l'aventure, près de cinq semaines se sont écoulées; cette seule infraction ne saurait donc être regardée comme la cause de mon mal.

— Je suis, Monsieur, obligé de vous détromper; votre situation actuelle n'a malheureusement pas d'autre origine. Trois à quatre semaines ordinairement, parfois davantage dans certains cas, il est vrai, exceptionnels, s'écoulent entre le jour du contact suspect et le moment de l'apparition du chancre. Cette durée considérable de la *période d'incubation* devrait être plus généralement connue, car une telle appréhension empêcherait bien souvent, sans doute, de se laisser entraîner comme vous l'avez fait.

— Docteur, je dois encore avouer qu'avant vous j'ai consulté certain pharmacien qui m'avait complètement rassuré, me disant que ce n'était rien; aussi, pour mon plus grand malheur, ai-je continué de cohabiter avec ma femme.

— Cela est très grave et je crains fort que votre femme ne soit contaminée. Mais il est vraisemblable que le mal était déjà fait quand vous vous êtes aperçu de votre lésion pour la première fois, car il est très rare et même à peu près impossible qu'on la surprenne au moment même de son éclosion. Il ne reste plus maintenant qu'à combattre votre syphilis par un traitement méthodique, régulièrement suivi, afin d'en conjurer les conséquences tardives, les seules qui soient réellement redoutables.

Comme bien l'on pense, le pauvre G... sortit désolé; que faire! Peut-être sa femme échapperait-elle au danger? Pendant trois semaines il garda cet espoir, mais certains signes lui apprirent alors qu'il y devait renoncer.

LAQUELLE?

Que de gens aiment le cumul : pour les places lucratives, lorsqu'ils commencent à sentir passer la bise de l'âge mur; pour les femmes, pendant la période fougueuse de la jeunesse! Mais cette dernière usurpation peut avoir quelques inconvénients, ou tout au moins faire commettre des injustices graves; j'en prends à témoin l'aventure suivante.

C... est ce qu'on appelle vulgairement un coureur de femmes. Beau garçon, trente ans à peine, véritable Don Juan, il tient à la quantité, sans préjudice toutefois de la qualité. C'est avec orgueil qu'il voit s'allonger la liste de ses maîtresses.

Installé sur la terrasse d'un des grands cafés du boulevard, non loin de l'Opéra, il déguste lentement, avec un chalumeau de paille, une boisson glacée. Tout à coup, en face de lui, une voiture s'arrête, et un joli visage de femme se montre un instant dans le cadre de la portière. Une minute après C... était installé dans le coupé.

Encore une victime de ce séducteur, mais une victime qui allait d'elle-même au-devant du sacrifice. Cette femme était une demi-mondaine fort répandue dans le monde diplomatique où, de préférence, elle choisissait ses protecteurs.

Six jours après, extrêmement inquiet, notre boulevardier élégant courait chez un docteur de ses amis et lui montrait, il serait superflu de désigner où, certaine érosion rougeâtre, légèrement suintante, de la grandeur d'une pièce de cinquante centimes, portée sur un disque induré simulant une pastille introduite sous le derme; de plus, dans les aines, de chaque côté, on sentait déjà quelques ganglions tuméfiés, durs et indolents.

— Mon ami, dit le docteur, j'ai une bien mauvaise nouvelle à vous annoncer; bien que, par lui-même, ce bouton ne paraisse pas grave, il est cependant le premier indice d'un mal sinon très redoutable, au moins fort pénible par l'impression morale qu'il détermine et par le temps, toujours long, pendant lequel il est nécessaire de le soigner, et pendant lequel aussi s'impose une grande surveillance de soi-même.

— Que voulez-vous dire; serais-je atteint de la .....?

— J'aime mieux ne vous rien cacher; d'ailleurs le traitement que je vais être obligé de vous prescrire indiquerait la nature de votre mal : vous avez la syphilis. Toutefois ne vous effrayez pas trop, la syphilis est aujourd'hui le plus souvent bénigne, et tout fait prévoir, en examinant votre lésion primitive, que cette maladie sera chez vous des plus simples.

— Voyez, reprit C..., comme j'ai peu de chance; après avoir fait une cour assez rapide à une demi-mondaine très lancée, j'obtins d'elle un rendez-vous. Pour la première fois je l'ai vue il y a six jours; elle seule a pu me mettre en cet état, et, malgré vos rassurantes paroles, m'empoisonner le sang pour la vie!

— Si vous ne connaissez cette femme que depuis six jours, il est certain qu'elle ne doit pas être mise en cause; car, en général, trois semaines à un mois s'écoulent entre l'époque du contact suspect et le moment où l'accident primitif apparaît.

— Malgré votre science, cher docteur, cette personne seule est coupable, car ma dernière maîtresse était la jeune femme d'un magistrat. Par sa position même, elle est donc à l'abri de tout soupçon de cette nature. A force d'entendre son mari parler vols et assassinats, ainsi que vanter chaque jour son impitoyable sévérité contre les femmes adultères, elle avait fini par le prendre en horreur. C'est à ce sentiment, et peut-être aussi au désir inconscient et tout naturel chez les filles d'Ève de braver la menace, que je dus sa possession.

— Malgré votre confiance absolue, je persiste dans mon opinion, dussé-je mettre en cause la magistrature, dans sa plus belle moitié.

— Ce que vous dites est impossible; cette femme n'avait que moi comme amant. Et son mari!..... Mais non, c'est invraisemblable.

— Faites cependant tous vos efforts pour m'amener ou m'envoyer cette dame, car, malgré votre conviction contraire, je le répète, c'est là qu'est la source du mal.

Deux jours après, le docteur voyait entrer dans son cabinet la jeune femme en question. Toute tremblante, elle lui avoua aussitôt s'être aperçue, il y a trois mois, d'une petite écorchure à laquelle, n'en connaissant pas la signification, elle avait à peine pris garde. Aujourd'hui son corps se couvrait de taches rougeâtres et, d'après le conseil de son ami, elle venait se renseigner sur la nature de cette éruption.

Le médecin, ce qui était tout simple pour un homme expérimenté, avait donc deviné juste; cette femme, atteinte de syphilis depuis trois mois, était le véritable auteur de l'accident de C...

— Il ne m'appartient pas, lui dit-il, d'apprécier votre conduite; j'ai seulement à vous dire que déjà vous avez été la cause d'un grand malheur et qu'un autre dommage, plus grave encore pour vous est à craindre : comment se porte votre mari?

— C'est vrai, docteur, je n'y pensais pas. Jusqu'à présent il n'a rien, tout au moins il ne dit rien. Mais comment refuser à un magistrat ce que la loi lui accorde? C'est impossible! Il me montrera son Code, lira l'article tant, et il faudra bien que je cède au nom de la loi.

Quand C... retourna chez le docteur son ami, il fut bien obligé de convenir de son erreur, de reconnaître qu'il avait accusé à tort la demi-mondaine diplomatique ; que sa maîtresse attitrée était la seule coupable, qu'elle ne trompait pas que son mari.

— Les fausses interprétations en pareille matière, reprit le médecin, sont des plus communes. De même qu'un malade accuse toujours le médicament pris la veille des symptômes qu'il éprouve, de même un amant blessé rend toujours responsable de son mal la femme possédée en dernier lieu ; et pourtant, s'il s'agit de syphilis, c'est presque toujours à une époque antérieure qu'il faut remonter.

Pendant deux mois environ on eut les plus grandes inquiétudes sur le sort du magistrat qui justement, par une fâcheuse coïncidence, avait été repris d'un retour de jeunesse. Un jour sa femme trouva une liasse de papiers cachés au fond d'un vieux meuble, débris oublié du mobilier de garçon de son mari ; c'était un paquet d'ordonnances où se trouvaient fréquemment indiqués, au-dessus de la signature du plus célèbre des spécialistes, l'hydrargyre et l'iodure. Elle s'empressa de porter le tout chez le docteur.

— Soyez maintenant rassurée, dit celui-ci, votre mari ne tombera pas malade.

L'intègre magistrat avait, en effet, payé un lourd tribut aux folles années de la jeunesse. Mais comme la syphilis ne peut, le plus souvent, être contractée qu'une seule fois, il ne ressentit aucun mauvais effet de l'état de sa femme. A quelque chose malheur est bon.

MALGRE ELLE

Mlle R... avait reçu une instruction moyenne; elle connaissait même quelques arts d'agrément, et montrait un joli visage de blonde qu'éclairaient deux yeux vifs, gais et piquants. Comme elle était très libre, vers l'âge de dix-neuf ans elle se fit enlever par un de ces galantins, d'autant plus empressés à tout promettre qu'ils sont parfaitement décidés à ne rien tenir. Une victoire à remporter, un succès dont on pourra se vanter, une primeur à s'offrir! Qu'étaient-ce donc, auprès de ces jouissances raffinées, une existence brisée, la ruine de la vie, la dégringolade future, peut-être jusqu'au dernier échelon! Tant pis pour les filles, elles n'ont qu'à se défendre, telle est encore la loi française!

Six mois s'étaient à peine écoulés que ce triste personnage disparaissait. La pauvre fille demeurait seule, sans ressources : que faire! Que devenir! Renonçant, tant elle en était écœurée, à toute liaison nouvelle, elle chercha une place d'institutrice, qu'elle trouva bientôt.

Quinze jours après la fuite de son amant, elle éprouvait certains symptômes, qui lui firent penser qu'elle était atteinte d'une maladie singulière. Toute timide et rougissante, elle alla trouver un médecin pour lui conter son aventure et lui demander ses conseils. Celui-ci reconnut facilement les signes d'une syphilis au début, maladie qui n'eut pas dans la suite de gravité apparente. Après deux ans de soins réguliers et bien entendus, aucun accident spécifique ne s'étant montré depuis plus de huit mois, Mlle R... se crut parfaitement guérie.

Dans la pension où elle enseignait se trouvait, depuis quelque temps, une enfant déclarée orpheline, qu'un homme, de vingt-huit à trente ans environ, était seul à venir voir de temps à autre. Aux vacances, ce visiteur qui, peu à peu, avait senti naître en lui une vive passion pour l'institutrice, pria celle-ci de vouloir bien l'accompagner en province pour y continuer l'éducation de la fillette. Mlle R... accepta. Elle était alors dans tout l'éclat de fraîcheur et de beauté de sa vingt-deuxième année.

La vie en commun, une intimité charmante de tous les jours, amenèrent bientôt la jeune femme à céder aux désirs du maître de la maison. D'ailleurs elle avait résolu de ne pas se marier; sa conscience le lui interdisait maintenant, car, pour rien au monde, elle n'aurait voulu tromper son fiancé; et révéler son passé, implorer le pardon, était au-dessus de ses forces.

Cette union libre durait depuis six semaines, se fortifiant de jour en jour. On était à la fin de septembre, les feuilles commençaient à prendre leurs teintes jaunâtres et dorées d'automne, la campagne devenait triste, dans huit jours on retournerait à Paris.

Depuis un mois, Mlle R... habitait dans un des plus beaux quartiers de la capitale un appartement meublé avec le meilleur goût. Son bonheur était complet, elle possédait l'homme idéal entrevu dans ses rêves de jeune fille; la roue de la fortune semblait enfin s'être décidée, après bien des lenteurs, à tourner pour elle. Son amant allait bientôt venir. Pour l'attendre, couchée sur une ottomane, elle se berçait de ces idées en fermant à demi les yeux.

On sonne; Lucien, tel était le nom du jeune homme, entre précipitamment; mais au lieu de l'embrasser, suivant son habitude de tous les jours, il la fixe d'un regard courroucé et lui dit : « Madame, savez-vous ce que vous avez fait : j'avais confiance en vous, ma vie vous appartenait, je me proposais même, dans l'avenir, de vous donner mon nom... Et en échange de ce dévouement absolu, non seulement vous me trompez, mais encore vous me trompez avec un homme atteint d'une maladie honteuse qu'il vous a donnée et que vous m'avez transmise.

— Lucien, je ne sais que répondre à votre indigne accusation ; vous êtes fou, vous rêvez. Je ne vous trompe pas, je ne puis donc être l'auteur du mal qui vous arrive.

— Vous seule en êtes bien la cause, car depuis que je vous connais, je ne me suis, en aucune circonstance, exposé à pareil danger. Demain je vous conduirai chez mon médecin.

— A vos ordres... Des sanglots coupèrent sa voix.

Le lendemain ils entraient dans le cabinet d'un docteur connu. Après quelques questions extrêmement discrètes et prudentes, comme l'exigeait la situation, le médecin pria la jeune femme de se soumettre à son examen. Il découvrit alors, profondément cachées, cinq petites plaques grisâtres et groupées en croissant, dont la spécificité n'était pas douteuse.

— L'exploration terminée, la jeune femme s'adressant aussitôt au docteur : « Monsieur, dit-elle, parlez en toute franchise, vous savez de quoi l'on m'accuse : est-ce moi, oui ou non, qui ai rendu malade mon amant? Surtout dites bien la vérité, ne cachez rien. »

— Madame je ne puis dissimuler que vous êtes l'auteur de la maladie de mon client, ou du moins que vous êtes malade vous-même.

— Vous vous trompez, Docteur ; je n'ai pas eu d'autre amant que Monsieur, je le jure devant Dieu ; je ne puis donc l'avoir rendu malade.

— Madame, c'est pourtant l'exacte vérité. Vous avez des accidents anciens, mon client porte un accident primitif : c'est donc vous seule que je puis incriminer.

— C'est impossible, Monsieur, s'écria-t-elle avec l'accent déchirant de la vérité ; croyez-moi ou non, je vous déclare que c'est impossible.

— Voyons, peut-être n'y a-t-il pas moralement de votre faute, car vous paraissez sincère. Racontez-nous votre vie passée, sans en omettre aucun détail.

— Vous me soumettez à une bien pénible épreuve, et je ne sais vraiment pas comment une histoire qui remonte à près de trois années pourrait avoir quelque rapport avec la situation actuelle. Mais, puisque vous le voulez, Messieurs, écoutez le récit de ma première faute. Je l'avais cachée jusqu'ici, non pour profiter de mon manque de franchise, puisque Lucien n'est et ne serait jamais resté que mon amant, c'était ma volonté, mais pour n'avoir pas eu à lui enlever une joie de plus.

Son récit terminé : « Votre sincérité, reprit le docteur, ne vous aura pas été inutile. Je vous crois maintenant, vous n'avez pas trompé votre amant, vous avez été la fidélité même ; mais d'une façon inconsciente, bien malgré vous, vous ne l'en avez pas moins rendu malade. Si la syphilis guérit ordinairement en moins de deux années, il est aussi des cas, surtout chez les femmes, où elle est sujette *pendant trois et quatre ans* à des retours offensifs, à des récidives conservant leur caractère contagieux. Ces érosions tardives et légères, celles que j'ai constatées sur vous, sont presque indolentes, à peine déterminent-elles un peu d'ardeur qu'on attribue à un tout autre motif : elles peuvent donc passer inaperçues, et c'est là une des causes les plus fréquentes de la propagation de la syphilis. Pour ces raisons, Madame, et je le dis hautement, vous êtes moralement irresponsable.

Ils partirent. Lucien resta plusieurs semaines sans retourner chez sa maîtresse, il était inconsolable. Mais un soir, après avoir mûrement réfléchi, il se dirigea vers ce logis qui avait abrité tant de caresses, tant de bonheur. Il y retrouva la jeune femme pâle, défaite, amaigrie, lamentable, se laissant vivre seulement dans l'espoir que son amant lui reviendrait.

— Vous êtes innocente, je l'ai compris, furent les premiers mots de Lucien; vous m'avez frappé sans le vouloir, malgré vous. Partons, cherchons dans un long voyage des distractions à nos pensées. Peut-être un jour pourrai-je redevenir ce que j'étais pour vous.

CONTAGION MÉDIATE

Paul et Jacques sont deux inséparables. Issus de familles normandes, ils étudient à Paris, le premier le droit, l'autre la médecine. Une fois leur diplôme conquis, ils comptent exercer leur art dans la ville de Rouen.

Il y a dix mois, Paul avait contracté une syphilis assez bénigne. Pendant un trimestre environ, il prit à haute dose les médicaments en usage contre cette maladie; puis, sa santé étant redevenue excellente en apparence, il cessa tout traitement. En Normand subtil, mais cette fois fort mal avisé, il avait pensé que les médecins ne parlaient de soins à donner pendant plusieurs années que pour conserver plus longtemps leurs malades.

Le matin du jour où survint l'événement malheureux que nous allons raconter, Paul avait ressenti, on devine où, quelques démangeaisons. Il se rendit alors chez un jeune étudiant en médecine, son voisin de chambre d'hôtel, pour lui demander conseil. Celui-ci, erreur trop fréquente, déclara que ce n'était rien, tout au plus quelques érosions d'herpès, qu'un peu de poudre d'amidon ferait bientôt disparaître.

— Tant mieux, dit Paul, car Jacques et moi, nous sommes aujourd'hui de festin, et me savoir encore malade m'aurait enlevé toute gaîté.

Le soir, ayant largement fêté la réception au doctorat de l'un des leurs, Paul et Jacques, mêlés à une bande d'amis nombreuse et bruyante, sortaient d'une pension-restaurant bien connue de la rue des Poitevins. Après plusieurs arrêts dans les brasseries en vogue du boulevard Saint-Michel, ils entrèrent au bal Bullier : c'était un jeudi, jour de *high-life*.

Fortement émus, les deux jeunes gens se tenaient bras dessus bras dessous, s'équilibrant mieux ainsi. Leur amitié ne connaissait alors plus de bornes, ils faisaient les projets d'avenir les plus fous. Cette conversation sentimentale, genre assez commun après des libations trop copieuses, ne les empêchait pas cependant de lorgner les horizontales de marques diverses qui arpentaient le bal. Paul, très en train, en accosta bientôt une, et lui proposa de la reconduire, ce qui fut naturellement accepté.

On s'attarde ; Jacques désire rentrer, Paul l'en empêche et le pousse de force dans une voiture de remise où la femme était déjà installée. Celle-ci, pendant le trajet, est également engageante pour les deux jeunes gens, qui conviennent, c'était la première fois que pareille idée germait dans leur cerveau troublé par l'alcool, que chacun recueillerait les faveurs de la belle, qui ne met d'ailleurs aucun obstacle à cet arrangement. Arrivés chez elle, ils tirent à la courte-paille la place de premier occupant : le sort ou l'adresse de la femme, qui tient les pailles, désigne Paul ; c'était le plus joli garçon.

Une heure après, nos deux amis, très satisfaits, allaient souper dans un café du boulevard des Italiens, puis rentraient chez eux vers six heures du matin, et ne conservaient au réveil qu'un souvenir assez vague de leur escapade nocturne.

Un mois à peine s'est écoulé. Jacques, très inquiet, montre à un de ses maîtres un bouton rougeâtre et induré qui le préoccupe vivement.

— Mon pauvre ami, dit le médecin, le mal est fait! C'est une érosion infectante qui s'est développée et rien, vous m'entendez, absolument rien, pas même l'amputation de l'organe, ne saurait maintenant entraver l'évolution de la syphilis. Soignez-vous, prenez patience.

Comment vous! étudiant en médecine distingué! connaissant le danger! vous avez pu vous laisser prendre ainsi!

Très honteux, Jacques lui fit alors le récit de son équipée.

— Puisque vous avez puisé à la même source, votre ami a bien des chances de se trouver dans une situation identique. Informez-vous et, de plus, amenez-moi, si c'est possible, la femme auteur de ce double désastre.

Jacques, sur-le-champ, va trouver cette femme. D'abord très avenante, car elle se trompe sur le but de sa visite, elle entre bientôt dans une colère bleue quand elle apprend le méfait dont elle est accusée. La veille, elle avait vu son médecin, il lui avait délivré *patente nette*. Très soigneuse d'elle-même, jamais elle n'avait causé le moindre dommage. Hé bien oui! Elle irait chez le professeur qui pourrait constater ainsi combien son accusation était fausse et injuste.

Le lendemain, en effet, elle se rendit avec Jacques chez le docteur, et celui-ci, après l'exploration la plus minutieuse, ne put rien découvrir. Cet examen négatif le rendit très perplexe, car la femme affirmait avec la dernière énergie n'avoir jamais été malade, elle offrait même de faire venir en témoignage son médecin particulier.

— Puisque vous m'affirmez, dit le docteur, n'avoir vu d'autre femme que celle-ci depuis plus de trois mois, amenez-moi donc votre ami Paul ; il est utile de l'interroger pour mener à bien notre enquête.

— Mais déjà je l'ai averti, et il ne s'est absolument aperçu de rien ; je n'ai d'ailleurs qu'à l'engager à venir ici, il n'y manquera certainement pas.

Paul, bien que ne comprenant pas du tout quelle part il pouvait avoir dans la mésaventure de son ami, ne fait cependant aucune difficulté pour accéder à son désir. Mais, malgré son intimité avec Jacques, il préfère aller seul, car il prévoit certaines questions sur sa maladie antérieure, que jusqu'alors il a eu le bon esprit de tenir secrète. Dans l'après-midi même il se rend à cette audience médicale.

Après diverses questions sur ses antécédents pathologiques, questions auxquelles Paul répond avec la plus loyale franchise, le médecin lui demande si le jour même de cette folle équipée, dont les conséquences ont été si déplorables, il n'avait pas quelques lésions spécifiques.

— Non, docteur.

— Cherchez bien, faites un effort de mémoire.

— Peut-être cependant, car le matin même de ce jour fatal, je me rappelle avoir montré à un jeune étudiant en médecine trois ou quatre petites taches grisâtres, larges comme des lentilles, à peine suintantes : il m'a même affirmé que c'était là seulement un peu d'herpès et, en effet, après une semaine tout avait disparu.

— Alors, et ceci est de la dernière importance, au moment, comment dirai-je..., de votre amour dédoublé, vous étiez donc porteur de ces ulcérations.

— Parfaitement, mais vous comprendrez que je n'y aie pas attaché la moindre attention, après les assurances formelles qui m'avaient été données.

— Une telle légèreté est bien regrettable ; car c'est de plaques muqueuses et non d'herpès que vous étiez certainement atteint, il y a un mois, et c'est vous qui avez rendu malade votre ami, c'est votre syphilis que vous lui avez transmise.

— Comment docteur! Que voulez-vous dire?

— Calmez-vous, vous allez comprendre comment les choses se sont succédé. Vous avez passé le premier dans les bras de votre femme commune, et Jacques, venu sur le même terrain immédiatement après vous, a récolté les mauvais germes que vous y aviez semés. La femme a été épargnée, car le virus a été enlevé avant de l'avoir pénétrée, mais votre ami, par cela même, a été contagionné, a subi tout le mal. C'est ce que nous appelons la *contagion médiate :* la femme ne sert alors que de véhicule pour transporter le virus d'un sujet à un autre, sans en être elle-même imprégnée.

— Hélas! docteur; quelle impardonnable imprudence! Mon ignorance est ma seule excuse. Mais surtout que cette révélation reste secrète : conservez-moi l'amitié de Jacques.

— Vous pouvez compter sur la discrétion professionnelle, elle est absolue.

SYPHILIS MALIGNE PRÉCOCE

C'était une adorable étoile. Son visage régulier, qu'animaient deux yeux pleins de malice, sa chevelure abondante et dorée, sa peau blanche, bien tendue, ayant le velouté si joli des blondes un peu grasses, en faisaient une reine de théâtre dont les plus hauts personnages se disputaient les sourires. Avec cela bonne, généreuse, charitable à l'excès pour ses camarades moins fortunées : toutes les qualités du cœur et de la galanterie.

Un noble et riche étranger, revenant des pays tropicaux les plus malsains, recueillit au passage un de ses sourires : amours éphémères de quelques heures seulement. Mais de ce caprice d'une nuit voici ce qu'il advint.

Trois semaines après, se développait un accident syphilitique initial qui, stationnaire pendant une semaine environ, s'agrandit ensuite considérablement, prenant peu à peu la forme ovale et les dimensions d'une amande verte coupée en deux. Le fond de ce chancre était sanieux, il sécrétait une humeur brunâtre, due à un mélange de pus, de lymphe et de sang; les parties qui le sous-tendaient, très indurées et hypertrophiées, donnaient à cette moitié de la région une parfaite ressemblance avec la côte d'un petit melon qui aurait porté l'ulcère en plein centre de sa convexité. Dans les aines, un chapelet de ganglions durs, presque indolents, se dessinait sous la peau légèrement soulevée et bossuée de chaque côté.

Pendant un mois ces désordres locaux existèrent seuls, sans marquer aucune tendance vers la guérison; puis survinrent des phénomènes généraux, assez graves pour indiquer une intoxication profonde de l'organisme par le virus syphilitique. Ce fut d'abord une faiblesse progressive, un abattement général. La pauvre fille, d'habitude si vive, si enjouée, s'étiola en quelques jours au point de pouvoir à peine descendre de son lit pour se traîner dans sa chambre, tout déplacement étant désormais pour elle l'objet d'un travail musculaire en apparence considérable. Malgré sa ferme volonté de résister, elle se sentait faiblir de jour en jour.

En même temps que cette faiblesse progressive, que nous appelons en médecine *cachexie syphilitique précoce*, d'autres symptômes s'ajoutaient successivement à la scène morbide : douleurs analogues à celles du rhumatisme dans diverses jointures et à la région lombaire, palpitations cardiaques, migraines incessantes, crises nerveuses répétées, absence d'appétit, privation de sommeil, visions, cauchemars terribles lorsque, brisée de fatigue, elle commençait à s'assoupir. Enfin, comme complément à ce sombre tableau pathologique, des accès de fièvre survenant chaque soir pour ne s'éteindre qu'aux premières heures du matin.

Quinze jours après le début de ces troubles généraux si graves, son corps sculptural, dont elle était si fière, qu'elle aimait avec passion à contempler, se couvrit à profusion de taches d'abord rosées, qui prirent au bout de quelques jours la coloration fauve du cuivre rouge. Elles étaient larges comme des pièces de monnaies d'argent, rondes ou ovales, répandues partout, sur le front, le cou, le menton, le dos, la poitrine, le ventre, les membres jusqu'aux pieds et aux mains.

Au bout d'un mois, cette première éruption commençait à pâlir, l'espoir de la guérison renaissait chez cette malheureuse, bien que les troubles généraux fussent toujours très marqués, lorsque survint une seconde poussée de syphilides d'un tout autre caractère.

Des boutons, en grand nombre, surgirent sur tout le corps; le visage, les épaules, ne furent point épargnés. On aurait dit que, pour les semer, le génie du mal, par une sorte d'esthétique, avait choisi les plus belles places. Lenticulaires de forme, quelques-unes de ces papules, d'un rouge cuivré très accentué, atteignaient, dépassaient même, sur le front, les joues et le menton, les dimensions d'une pièce de cinquante centimes. Quatre de ces grosses papules se couvrirent de squames épidermiques, tandis que d'autres s'entouraient d'une collerette blanchâtre d'épiderme soulevé qui les faisait mieux ressortir.

Six mois se passèrent ainsi : les symptômes généraux s'étaient notablement amendés; quelques nouvelles poussées de papules s'étaient bien produites dans cet intervalle, mais la plupart de ces syphilides commençaient à s'éteindre, à disparaître, laissant à leur place une macule fauve qui ne se décolorait que lentement.

Les accidents cutanés dominaient dans cette forme de syphilis; à peine quelques plaques opalines s'étaient-elles montrées sur les lèvres, dans la gorge ou sur d'autres régions muqueuses.

Un symptôme, entre autres, tourmentait beaucoup la malade : sur le cuir chevelu s'élevaient un certain nombre de petits boutons de forme acuminée, recouverts de croutelles que les dents du peigne arrachaient chaque jour. Ses beaux cheveux dorés avaient perdu leur éclat, ils étaient devenus ternes, secs, cassants et tombaient par poignées; sa forte chevelure avait ainsi diminué de plus de moitié. Par places, par petits îlots qui les coupaient comme une cicatrice, les sourcils s'étaient aussi dépouillés. Sur le corps, même chute, même ravage. Elle en était inconsolable.

Ses mains, autrefois potelées et d'un toucher si délicat, étaient devenues sèches, osseuses, donnant des sensations de râpe, et ses ongles cassants, ridés, parcourus de sillons et de taches blanchâtres, ne semblaient plus vivre.

Mais jusqu'ici tous ces désordres étaient réparables ; par un traitement énergique, on pouvait en espérer la guérison. Le retour à la santé d'autrefois, au moins d'une façon apparente, semblait s'annoncer. L'appétit était revenu en même temps qu'un peu de force, de gaieté, et même de tendance à engraisser de nouveau. On était alors au dixième mois de la maladie, lorsqu'à l'improviste éclatèrent, coup sur coup, les accidents les plus dramatiques.

La fièvre reparut, les troubles généraux se montrèrent de nouveau plus intenses encore, et, quatre jours après cette exaltation morbide, survint une éruption formée d'un mélange de tubercules et de pustules du caractère le plus grave.

Sur le visage, une nappe rougeâtre d'infiltration engloba le nez, une portion de la lèvre supérieure du côté droit et de la joue correspondante ; sur cette nappe, on distinguait plusieurs masses tuberculeuses, saillantes comme des pois, qui semblaient y avoir été enchâssées. Sur le front, six tubercules, se touchant par leur bord, constituaient un disque assez régulier; trois gros boutons analogues se dressaient encore sur le menton. Ces lésions étaient d'un rouge très foncé, du plus mauvais aspect.

Autour du mamelon, sur le sein gauche, avait paru une sorte d'auréole de même nature qu'au visage; puis, sur le reste du corps étaient disséminés plusieurs tubercules, tous gros, tendus, de coloration violacée, indice d'une destruction gangréneuse imminente.

Une autre éruption avait envahi les jambes. Au lieu de nodules tuberculeux, on vit, sur chaque membre, surgir une quinzaine de grosses pustules, portées chacune sur une base annulaire d'infiltration ayant toujours cette coloration cuivrée qui est le cachet de la syphilis. Ces pustules s'ouvrirent au bout de quelques jours. Leur contenu épais, visqueux, se dessécha vite en une croûte noirâtre, recouvrant une ulcération qui entamait presque toute l'épaisseur du derme.

Tel était donc, en résumé, l'état de la malade : infiltration tuberculeuse en nappe et en nodules sur le visage et le sein gauche, éruption d'ecthyma profond sur les membres inférieurs.

Pendant les premiers jours, les tubercules

et la nappe d'infiltration qui les supportait se foncèrent davantage en couleur, devinrent violacés, et un matin, en leur lieu et place, s'étendaient des eschares noirâtres. Celles du front et du menton avaient à peu près les dimensions d'une pièce de deux francs, celle de la partie centrale du visage, plus irrégulière et plus étendue, englobait la moitié droite du nez et de la lèvre supérieure. Sur le sein gauche, l'aspect était le même ; son mamelon, devenu presque bleu, était cerclé d'une eschare épaisse.

Après une quinzaine de jours, ces eschares tombées, l'aspect de la pauvre malade était le suivant : sur le front et le menton, une rondelle de peau enlevée et la perte de substance rendue plus large encore que le disque sphacélé par les tiraillements des fibres musculaires; au centre du visage, la moitié du nez et de la lèvre emportés, laissant voir à nu la surface muqueuse d'un rouge vif de la cloison nasale, une partie de la mâchoire supérieure et les dents incisives et canine depuis leur point d'implantion. Sur le sein gauche, le mamelon s'était entouré d'un fossé ulcéreux; coupé à sa base, il ne tenait presque plus; au bout d'une huitaine de jours il se détacha. Le sein semblait alors labouré à son sommet par une plaie cancéreuse. Les ulcérations des jambes avaient notablement grandi, et leurs croûtes épaisses, coniques, stratifiées, d'un noir verdâtre, présentaient une grande ressemblance avec de petites écailles d'huîtres.

Jusqu'au jour de la chute des eschares, les symptômes généraux allèrent en s'aggravant; mais à partir de ce moment, la faiblesse, qui était devenue extrême, cessa d'augmenter, la fièvre diminua chaque soir d'intensité et finit par disparaître complétement, l'appétit s'aiguisa, les forces se relevèrent sensiblement : la guérison s'annonçait très rapide. Elle fut, cette fois, définitive. Le virus syphilitique, dans cette dernière et terrible manifestation de sa puissance, s'était anéanti de lui-même par la violence de l'effort.

Quand elle se leva, qu'elle fut assez forte pour aller chercher elle-même un miroir, jusque-là toujours refusé, à peine y eût-elle jeté les yeux qu'elle s'affaissa renversée, jetant un grand cri, restant près d'une heure sans connaissance. Elle venait de voir les découpures que la syphilis avait taillées sur son visage, les rondelles enlevées du front et du menton, la perte de la moitié du lobule, de toute l'aile droite du nez et d'une partie de la lèvre supérieure; elle était hideuse. De ce sein, naguère superbe, tout le sommet, le mamelon avec son aréole, était retranché comme par le fer du chirurgien.

Sur le corps, on voyait également, çà et là, des cicatrices blanchâtres ayant succédé à des tubercules sphacélés; les jambes, encore si fines de forme et d'attaches, étaient couvertes de larges taches d'un jaune fauve qui persistèrent indéfiniment.

Hâtons-nous de dire que ce cas de *syphilis maligne précoce*, à forme *tuberculo-gangréneuse*, est exceptionnel, au moins sous nos climats. Nous l'avons cependant choisi comme exemple, car si la plupart des syphilis sont aujourd'hui relativement bénignes, on observe encore, de temps à autre, quelques lésions tuberculeuses ou ulcéreuses pouvant avoir des conséquences parfois aussi graves que celles-ci.

« C'est un vieux souvenir que nous allons évoquer, disions-nous, en commençant le chapitre consacré à la vérole maligne dans notre *Traité pratique de la Syphilis;* un restant des syphilis si redoutables de la fin du XVe et de tout le XVIe siècle, montrant encore çà et là, mais exceptionnellement, son masque hideux. Car les véroles malignes, dans les conditions ordinaires de la vie, sont aujourd'hui extrêmement rares. Depuis son apparition en Europe, la syphilis a singulièrement diminué de force; en se généralisant, en se propageant à l'infini, son génie épidémique des premiers temps s'est atténué par des transmissions successives, et a pris le caractère relativement bénin des syphilis modernes. Un chancre de si insignifiante apparence que souvent il est pris par les malades pour un *bobo,* pour une écorchure; quelques accidents secondaires légers avec ou sans récidives; puis après dix-huit mois à deux ans, tout est fini, la vérole est devenue latente et restera telle indéfiniment au moins huit fois sur dix. Telle est la syphilis commune de nos jours [1].

1. Dr LANGLEBERT, *Traité pratique de la syphilis,* p. 444.

SYPHILIS ET MERCURE[1]

Son maître ayant prescrit à Ésope, cuisinier comme esclave, poète et fabuliste par tempérament, de ne lui servir que ce qu'il connaissait de meilleur : chaque jour, au dîner comme au souper, le célèbre bossu lui fit manger de la langue. La sauce, l'assaisonnement différaient, mais c'était toujours de la langue. Irrité, le maître ordonna de ne plus lui présenter que le mets le plus détestable : et ce fut encore de la langue. La langue n'est-elle pas ce qu'il y a de meilleur et de pire à la fois ; tout dépend de

1. Pour terminer la série de nos récits anecdotiques ayant trait à la syphilis, nous avons cru devoir exposer brièvement les dangers qui peuvent résulter d'un traitement mercuriel exagéré, en même temps que les bienfaits que l'on retire, au contraire, du mercure administré prudemment et à doses faibles. Nous avons dû abandonner ici l'anecdote ou le récit pour prendre la forme didactique, seule appropriée à la grande importance du sujet.

l'usage qu'on en fait. Il en est de même du mercure ou hydrargyre dans le traitement de la syphilis. L'hydrargyre est alors ce qu'il y a de meilleur ou de plus mauvais, tout dépend de l'opportunité et de la dose employée.

Le mercure est le remède souverain contre les manifestations morbides de la syphilis, surtout contre celles de la période secondaire. C'est là un axiome thérapeutique. Depuis le commencement du XVIe siècle, depuis Jacques Catanée, de Gênes (1505), Jean de Vigo, médecin du pape Jules II (1514), Nicolas Massa, de Venise (1532), Jérome Fracastor, de Vérone (1546), Thiery de Hery, etc., qui furent les plus éclatants promoteurs de l'hydrargyre contre la vérole, les faits n'ont cessé d'en donner, chaque jour, la preuve la plus évidente.

Prenez un malade atteint d'accidents syphilitiques, surtout d'accidents secondaires, soumettez-le à un traitement mercuriel modéré, et bientôt plaques muqueuses et roséole disparaîtront; la faiblesse générale, compagne fréquente de ces débuts de la vérole, fera place à un sentiment de force et de santé; les membres, les reins devenus lourds, pesants, parfois douloureux, reprendront leur souplesse et leur légèreté; l'appétit, jusque-là décroissant, s'aiguisera de nouveau, et une légère tendance à l'embonpoint en sera le résultat. L'anémie syphilitique s'effacera peu à peu, le nombre des globules sanguins, qui avait rapidement diminué, remontera vite au chiffre normal et le dépassera même; le mercure, en pareil cas, est plus martial que le fer.

Le merure est donc, je le répète, l'antidote souverain de la syphilis, mais, entendons-nous bien, pris à dose légère et pendant des périodes aussi courtes que possible lesquelles devront être mesurées par la durée même des accidents. En agissant d'autre façon, en formulant des *doses massives* d'hydrargyre à prendre pendant trois et quatre années consécutives, quelle que soit la gravité de la maladie, on risque fort de lui adjoindre, de mettre sur son compte, divers accidents qui ne sont que le résultat d'une intoxication mercurielle lente et progressive. En réalité, c'est substituer une maladie à une autre.

C'est une remarque étrange, donnant beaucoup à penser, que ce fait de la similitude souvent si parfaite des troubles nerveux attribués à la période tertiaire de la syphilis avec ceux qui dépendent de l'intoxication mercurielle chronique. Aussi avons-nous la conviction, établie d'ailleurs sur des faits qui nous paraissent indiscutables, que bien souvent l'étiquette de « *mercurisme cérébral* » devrait remplacer celle de « *syphilis du cerveau* ».

Nous nous bornerons à relater ici les accidents nerveux, de forme chronique, qui peuvent résulter de l'intoxication mercurielle lente. Le lecteur curieux de comparer ces accidents à ceux de la syphilis cérébrale, n'aura qu'à lire dans un livre moderne quelconque[1], la partie qui traite de cette question; nous croyons, nous sommes certain, qu'il en rapportera l'impression que nous venons d'exprimer.

TROUBLES NERVEUX RÉSULTANT DE L'INTOXICATION MERCURIELLE LENTE. — *Prodromes.* — Chez les personnes soumises depuis quelque temps à l'influence mercurielle, principalement chez les ouvriers employés aux mines de mercure d'Almaden, en Espagne, chez les miroitiers, les fabricants de baromètres, etc., et aussi chez quelques syphilitiques gorgés de mercure, les

1. Voir dans mon *Traité pratique de la syphilis* le chapitre de la syphilis cérébrale p. 383 et suiv.

membres, les articulations s'endolorissent, le caractère assombri devient irritable à l'excès, des vertiges rendent la démarche incertaine, des migraines plus ou moins violentes se succèdent continuellement, des cauchemars enlèvent le sommeil ; puis, apparaissent progressivement des spasmes légers des muscles de la face, une fine trémulation des lèvres, de la pointe et des bords de la langue, des oscillations, d'abord très légères, des doigts : signes avant-coureurs du tremblement mercuriel qui bientôt dominera la scène morbide.

Tremblement. — Le tremblement est un des effets les plus caractéristiques de l'empoisonnement mercuriel. A un degré plus ou moins prononcé, tous les mineurs d'Almaden en sont frappés ; deux fois, je l'ai également vu survenir à la suite de l'absorption du mercure dans un but thérapeutique.

Souvent les doigts oscillent comme dans le tremblement alcoolique ; aussi l'écriture devient-elle incertaine, et le malade est-il rendu inhabile aux travaux délicats exigeant la précision des mouvements. Dans les cas plus complexes, ce sont des oscillations rythmiques de l'avant-bras, d'un membre supérieur ou inférieur, de toute une moitié du corps.

En général, le tremblement mercuriel est intermittent; insensible quand le malade sommeille ou est au repos, il se développe à sa plus haute puissance pendant les mouvements volontaires. Le mercurique veut-il prendre un objet quelconque, son bras se met aussitôt à osciller, et de plus en plus à mesure qu'il l'avance et le dirige vers le but à atteindre. Il ne saisit l'objet désiré qu'avec la plus grande difficulté, l'amplitude des oscillations étant alors à son apogée. Aussi, dans les cas extrêmes, est-on obligé de donner à manger à ces malheureux, comme on le ferait pour des enfants.

La trémulation de la langue, combinée à celle des lèvres et des joues, provoque un tremblement de la voix qui communique à celle-ci un caractère indécis et saccadé.

Sur les membres inférieurs, le tremblement mercuriel peut très bien simuler *l'ataxie locomotrice*. Dès que ces mercuriques veulent marcher, leurs jambes se mettent à osciller en des mouvements d'amplitude variable; aussi, pour avancer, sont-ils obligés de fixer le sol du regard. Nous verrons plus loin que ces désordres du mouvement se compliquent souvent de troubles de la sensibilité, d'anesthésie plantaire, par exemple, qui ajoute à la similitude de l'affection mercurielle avec les symptômes du *tabes*. Remarquons encore, ainsi que cela s'observe communément dans l'ataxie, que cette difficulté des mouvements volontaires, résultat du tremblement mercuriel, coïncide, comme il est facile de s'en assurer au moyen du dynamomètre, avec l'intégrité de la force musculaire. Ici, comme dans l'ataxie, il n'y a pas paralysie véritable, mais déréglement, incoordination des mouvements.

Convulsions. — Les convulsions, ou contractures involontaires de certains muscles, sont de deux ordres. Les unes sont *toniques* ou *fixes* (*crampes*), les autres sont *cloniques* ou désordonnées (*mouvements épileptiformes*).

C'est la contracture, en général de courte durée, mais très douloureuse, d'un groupe de muscles, qui caractérise les convulsions toniques. Ces crampes se localisent principalement dans les muscles fléchisseurs de l'avant-bras ; la main est alors pliée sur le poignet où l'on voit les tendons tirés en relief comme autant de cordes saillantes. Cette contracture, le plus souvent passagère, peut cependant se répéter à de si courts intervalles qu'elle semble continue et persister ainsi quelques minutes, une heure et même davantage. Certains de ces malades ayant saisi un objet, le serrent convulsivement avec tant de force, qu'il est impossible de le leur arracher; eux-mêmes ne peuvent lâcher prise.

Les convulsions cloniques, tumultueuses, épileptiformes, se montrent chez les mercuriques, à des degrés variables. Elles sont très communes à Almaden, presque tous les mineurs en sont plus ou moins frappés; elles y sont connues sous le nom de *calambres*.

Peu prononcées, elles donnent la sensation de frisson; c'est une sorte de tressaillement douloureux plus souvent limité à un membre, à une moitié du corps, que généralisé. Plus accentuées, les convulsions se manifestent en mouvements désordonnés. Pendant la crise, la tête s'incline alternativement à droite et à gauche, les bras, les jambes s'agitent comme s'ils étaient soumis à de forts courants galvaniques, de violentes douleurs sillonnent les membres et, pendant toute cette agitation, le malade est son propre spectateur, il conserve sa connaissance, assiste à sa propre scène morbide. C'est là une différence capitale avec l'attaque d'épilepsie commune, où il y a perte absolue de la connaissance.

L'intoxication mercurielle peut donner lieu d'ailleurs à de véritables attaques d'épilepsie; tous les auteurs citent le cas d'un malade de Vidal de Cassis qui fut pris de crises de *haut mal* à la suite d'une série de bains de sublimé. Mais si les attaques complètes, avec perte de connaissance, paraissent exceptionnelles comme conséquence de l'intoxication mercurielle, il n'en est pas de même des crises de *petit mal* :

« Cependant si le *Grand mal* ne s'observe pas dans le mercurisme chronique (?), certains sujets éprouvent des symptômes très analogues à ceux du *Petit mal*, et surtout des vertiges, tantôt subits, tantôt précédés de bourdonnements d'oreille, de phosphènes, d'obscurcissements de la vue..... Ces accès peuvent, enfin s'accompagner de perte de connaissance; les malades tombent alors brusquement et restent à terre un certain temps. *On ne saurait refuser à de pareils accès la qualification d'épileptiformes*[1].

1. Dr HALLOPEAU, *Du Mercure*, thèse d'agrégation (Paris, 1878).

D'après cette description, les médecins qui rapportent certains cas d'épilepsie à l'intoxication mercurielle plutôt qu'à la syphilis, ont-ils donc complétement tort ?

Paralysies. — Certaines paralysies, plus ou moins complètes, surviennent spontanément ou succèdent aux phénomènes d'excitation cérébrale qui viennent d'être décrits (tremblement, convulsions, épilepsie), dans le cours de l'intoxication mercurielle chronique. Elles sont la preuve de l'épuisement physiologique, et dans les cas plus prononcés, de la dégénérescence d'un ou de plusieurs centres moteurs de l'encéphale.

« Dans les cas les plus graves de paralysie mercurielle, on garde les malades dans les maisons, au coin du feu, assujettis sur une chaise, comme des enfants en bas âge ; beaucoup d'entre eux ne peuvent ni s'habiller, ni manger seuls, leur visage devient stupide en même temps qu'ils n'articulent plus que des sons vagues et confus. » (Tardieu).

Ajoutons cependant que notre célèbre et regretté professeur de médecine légale a peut-être ici forcé la note, a vu trop sombre, ou tout au moins que sa description si dramatique ne se rapporte qu'à de très rares exceptions. Les paralysies mercurielles, en effet, sont plutôt des affaiblissements musculaires, des parésies, que des paralysies véritables ; elles sont souvent monoplégiques, occupant un bras, une jambe, plus rarement hémiplégiques, c'est-à-dire étendues à toute une moitié du corps.

Le début peut en être brusque, précédé d'une véritable attaque d'apoplexie (*ictus apoplectiforme*); mais le plus souvent c'est avec lenteur que ces paralysies apparaissent. Le malade s'aperçoit qu'un ou plusieurs de ses membres s'affaiblissent chaque jour davantage. Parfois ces désordres de la motilité sont encore accompagnés de troubles sensitifs, en particulier de diminution notable, de perte de la sensibilité, d'*anesthésie*. La durée de ces paralysies est, en général, assez longue, mais une fois l'influence néfaste du mercure suspendue, elles marquent une tendance spontanée vers la guérison. Toutefois les rechutes, les récidives sont fréquentes, si le malade est de nouveau soumis à l'imprégnation mercurielle.

Ces paralysies mercurielles, si semblables aux paralysies syphilitiques dans leur évolution, présentent encore avec ces dernières quelques caractères communs très importants : dans les membres paralysés, les muscles conservent leur excitabilité électrique ; on n'y observe que très rarement des phénomènes de contracture concomitants ; l'atrophie, la dégénérescence graisseuse de la fibre musculaire y sont exceptionnelles.

Comme la syphilis, la paralysie hydrargyrique peut frapper les muscles laryngés, partiellement ou en totalité ; la voix devient alors sourde, rauque, bitonale ou même s'éteint complétement.

Troubles de la sensibilité. — En dehors des douleurs de tête parfois très violentes, véritable *céphalée mercurielle*, de tous points analogue à la *céphalée syphilitique ;* des douleurs musculaires ou articulaires qui accompagnent l'état chloro-anémique progressif dans lequel sont plongés les malades mercurialisés à l'excès ; de l'anesthésie, complication fréquente des paralysies, on observe encore, comme phénomènes morbides indépendants ou associés, dans le mercurisme chronique : une acuité excessive de l'ouïe qui rend tout bruit insupportable ; des sensations brusques de froid accompagnées d'un frissonnement général ou, au contraire, le défaut d'impressionnabilité d'un membre ou d'une moitié du corps au chatouillement, au froid et à la chaleur; des fourmillements, des engourdissements passagers, des douleurs spontanées, fulgurantes, alors comparables à celles de l'ataxie, etc., etc.

Troubles psychiques. — La morosité ou une excitabilité cérébrale exagérée sont habituellement les avant-coureurs des manifestations morbides du mercurisme chronique. Parfois surviennent d'effrayantes hallucinations, le malheureux malade se voit entouré de revenants, d'assassins imaginaires ; il pousse des cris de terreur, et la plus grande partie de ses nuits se passe dans un continuel cauchemar, dans une longue insomnie qui cède seulement, à l'aube, sous le poids d'une fatigue écrasante.

D'autres variétés de ces troubles psychiques, d'origine mercurielle, ont pour caractéristique, exactement comme la syphilis cérébrale, la perte plus ou moins complète de la mémoire, la paresse intellectuelle, l'hébétude, la démence, la folie même sur laquelle Diday a particulièrement insisté.

Cette similitude parfaite, entre les accidents nerveux résultant de l'intoxication mercurielle lente et ceux qui dépendent de la syphilis cérébrale, doivent déjà donner à penser que peut-être, dans bien des cas, les troubles pathologiques observés sont plutôt le fait d'un traitement hydrargyrique *intensif*, prolongé avec rigueur pendant trois et quatre années, que celui de la syphilis. Ce n'est pas là seulement une hypothèse, une simple vue de l'esprit, c'est la réalité même : nous allons en donner la preuve.

La fréquence des accidents cérébraux dans le cours de la syphilis a toujours été en rapport avec la manière dont celle-ci a été traitée ; plus on mercurialisait les malades, plus les troubles nerveux dominaient la scène morbide ; moins on donnait de mercure et plus ceux-ci tendaient à disparaître. Dès la première moitié du XVIe siècle — on sait que la syphilis n'apparut en Europe qu'à la fin du XVe, probablement rapportée d'Amérique par les matelots de Christophe Colomb — on fit un abus extravagant du mercure, sous forme de frictions et de fumigations : et nous voyons alors les troubles nerveux prendre une place des plus importantes dans son cadre symptomatique. Ambroise Paré écrivait à cette époque :

« La vérole infecte aussi les parties internes du corps avec douleurs nocturnes extrêmes à la teste ; aucuns perdent l'ouïe, autres ont la bouche torse comme renieurs de Dieu ; autres deviennent impotens des bras ou jambes, cheminant tout le cours de leur vie à potence ; autres demeurent en une contraction de tous leurs membres, de manière qu'il ne leur reste que la parole, qui est le plus souvent en criant et lamentant, maudissant l'heure qu'ils ont esté engendrez ; aucuns sont vexés d'épilepsie, et, pour le dire en un mot, on peut voir la vérole compliquée de toutes espèces et différences de maladies. »

Aussi une réaction violente commença-t-elle bientôt à s'opérer contre ces traitements excessifs. Dès 1540, Nicolas Michel, doyen de la Faculté de Poitiers, s'écriait :

« Tant d'abus, mes frères, ont été commis en la cure de ce mal, qu'on est injurié estre appelé panseur de grosse vérole. »

Et un peu plus tard, en 1564, Fallope écrivait ironiquement :

« *Medicina hæc pro asinis et rusticis servetur atque a thalamo hominum viventium excludatur.* Gardez cette médication pour des ânes et des brutes, mais, grands dieux! épargnez-la au genre humain. »

Dans l'hôpital Saint-Job, de Bologne, l'usage des frictions mercurielles était expressément interdit. Enfin vers ce milieu du XVIe siècle, le chevalier Ulric de Hutten fit un tableau effrayant du traitement mercuriel de l'époque et à l'hydrargyre essaya de substituer le gaïac. Tous, médecins et malades, se jetèrent avec empressement sur le médicament nouveau; mais après quelques années, il était relégué au second plan à cause de son inefficacité : ce n'est en effet qu'un sudorifique, sans aucune vertu particulière contre la vérole.

On revint donc au mercure, mais en l'administrant avec modération, sans dépasser les doses, où parfaitement toléré par l'organisme, il ne donne lieu à aucun trouble pathologique, tel que l'inflammation de la bouche, de la langue, des gencives, l'ébranlement des dents, la salivation, etc. Dès lors on n'entend plus parler de troubles cérébraux, comme conséquence de la vérole. Citons à ce propos le passage suivant de la première leçon de M. Fournier sur la syphilis du cerveau.

« Hunter, le grand syphiliographe, résumant, amendant et perfectionnant à un haut degré l'ensemble des connaissances acquises sur la syphilis *vers la fin du siècle dernier*, plaçait le cerveau au nombre de « ces parties « vitales qui peut-être ne sont pas du tout sus- « ceptibles de l'action de la syphilis. »

« De même, pour Astley Cooper, le cerveau « était un de ces tissus qui ne paraissent pas « susceptibles d'être altérés par l'influence du « virus vénérien. »

« Enfin, il y a plus : en 1861 (je ne remonte, vous le voyez, qu'à seize années en arrière), en 1861, dis-je, un éminent critique, un des professeurs les plus justement illustres de notre Faculté, M. Lasègue, faisant dans les *Archives de Médecine* la revue des plus récents travaux sur les affections nerveuses syphilitiques, rangeait ces affections au nombre des manifestations diathésiques « rares et indécises, desti- « nées, au moins jusqu'à nouvel ordre, à ne « figurer dans la description de la syphilis qu'à

« titre d'appendice, » et considérait entre autres l'aliénation syphilitique « comme simplement « conjecturale, possible, présumable, et rién de « plus [1]. »

Mais, par un retour inattendu des choses d'ici-bas, le traitement mercuriel intensif est de nouveau préconisé, répandu parmi la génération médicale actuelle : et *aussitôt reparaissent, plus nombreux que jamais, les accidents cérébraux*, à ce point que le même auteur écrit immédiatement à la suite des lignes qui précèdent :

« Or depuis les seize années qui viennent de s'écouler, les choses ont bien changé ; et ce que l'on pouvait en 1861 considérer comme un simple appendice à l'histoire de la syphilis en est devenu l'une des parties constitutives les plus authentiques, les plus chargées comme symptômes et comme lésions, les plus importantes comme intérêt pratique non moins que comme gravité. »

Ainsi, depuis l'apparition de la vérole en Europe, nous voyons les accidents cérébraux varier dans la syphilis suivant le traitement mis en usage. Les malades sont-ils mercurialisés à

1. Alfred FOURNIER, *La Syphilis du cerveau*, (p. 2 et 3).

l'excès comme au XVIe siècle, ou comme le font encore de nos jours quelques médecins, oublieux des leçons du passé : aussitôt ces mêmes accidents redeviennent nombreux, reprennent la première place dans le cadre nosologique. Les malades sont-ils traités par des doses modérées de mercure, celles qui étaient encore en usage, il y a moins de trente années et auxquelles on reviendra bientôt, nous l'espérons : les troubles nerveux d'origine syphilitique sont presque inconnus. Ce balancement, si l'on peut ainsi dire, entre les quantités de mercure absorbées et la fréquence des désordres nerveux n'implique-t-il pas, d'une façon certaine, que la plupart de ces affections, souvent si graves, sont bien moins le fait de la syphilis que celui du traitement exagéré que subissent les malades !

Cette opinion de l'influence du mercurialisme chronique sur la production des troubles cérébraux commence d'ailleurs à faire son chemin : l'avenir est à elle. Ainsi pouvons-nous déjà citer à l'appui de la thèse que nous défendons les passages suivants de deux auteurs estimés :

« J'apporterai aussi le témoignage d'un hydrothérapiste distingué, M. Keller, lequel m'a dit avoir observé des sujets qui, plus ou moins longtemps après un traitement spécifique, sept ans et plus, se plaignaient de symptômes nerveux prononcés (secousses dans la moelle, mélancolie) et chez lesquels il put constater par l'analyse chimique l'excrétion de liquides mercuriels. Et je ne manquerai pas de rapprocher cette remarque d'une autre, qui me fut communiquée par Alriq d'Aulus qui, dans les mêmes circonstances, a vu sous l'influence de l'hydrothérapie les malades souffrir quelques jours de stomatite mercurielle avec gonflement des gencives et fétidité *sui generis* [1]. »

« Il est des malades atteints de diverses manifestations de la syphilis, dit le docteur A. Desprès, qui présentent deux ordres de phénomènes : des étourdissements et des pertes de connaissance qui obligent le chirurgien a suspendre l'usage des préparations mercurielles. D'autres malades ont des tremblements. Ces diverses manifestations sont certainement liées

1. L. JULLIEN, *Traité des maladies vénériennes*, 2e éd., p. 1004.

à l'emploi du mercure puisqu'elles ont disparu dès qu'on en a cessé l'usage... l'action connue du mercure sur le système nerveux, si évidente chez les ouvriers qui travaillent le mercure, est donc réelle chez les individus soumis au traitement mercuriel..... » Et plus loin : « Ces accidents appelés tertiaires (il s'agit des accidents cérébraux)..... je ne les ai point encore observés chez un seul malade qui n'avait pas été traité par le mercure [2]. »

Il nous reste encore, pour compléter cette démonstration de l'influence délétère du mercure sur les centres nerveux, à prouver que parmi les syphilitiques, les plus mercurialisés sont les plus exposés aux accidents variés de la syphilis cérébrale. Mon père ayant traité cette question, en 1880, dans une brochure intitulée *Syphilis et Mariage*, je ne saurais mieux faire que de reproduire ici, comme conclusion naturelle de ce travail, le passage qu'il lui a consacré.

« Si nous sommes partisan du mercure, nous ne l'aimons, suivant en cela le précepte d'Horace, que comme on doit aimer toute chose :

2. A. Desprès, *Traité de la syphilis*, 1873.

dans la limite du bien qu'il peut faire. Or, si le mercure peut faire beaucoup de bien, il peut faire aussi beaucoup de mal. Et à ce propos, qu'il nous soit permis d'appeler ici l'attention de nos lecteurs sur un sujet des plus graves, qui, depuis quelque temps, préoccupe vivement les esprits. Nous voulons parler de ces accidents des centres nerveux, accidents réputés syphilitiques, et dont la fréquence, de jour en jour plus accentuée, semble marcher de pair avec les progrès de l'OUTRANCISME HYDRARGYRIQUE.

« Un de nos jeunes confrères, M. le docteur Louis Jullien, esprit chercheur et naturellement curieux, a voulu savoir quelle part d'influence, bonne ou mauvaise, le traitement mercuriel pouvait avoir sur le développement de la syphilis tertiaire, et aussi, chose plus facile à déterminer, sur la nature des accidents qui la caractérisent. Dans ce but, M. Jullien a eu l'heureuse idée de s'adresser aux principaux spécialistes, Français, Anglais, Italiens, etc., demandant à chacun ce que lui avait appris sa propre expérience. Or voici, quant aux accidents des centres nerveux, les résultats de cette vaste enquête :

Sur 59 cas de syphilis tertiaires appartenant à des syphilis non *traitées par le mercure*, un seul cas d'affection du cerveau (hémiplégie gauche) a été observé chez une femme, et encore ce cas, vu l'âge de la malade, a-t-il paru douteux à M. Jullien qui, à la suite de cette remarque, ajoute : « Serait-ce donc à dire que les syphilitiques restés vierges de mercure ne sont que très rarement, pour ne pas dire jamais, atteints par les lésions tertiaires de l'encéphale? (*Recherches statistiques sur l'étiologie de la syphilis tertiaire*, 1874, page 16.)

Toutefois, même en prenant pour bon ce cas douteux, cela ne fait encore, pour les syphilitiques non mercurialisés, que 1 sur 59, soit : (1,69 POUR 100.)

Sur 159 cas de syphilis tertiaire appartenant à des syphilis *traitées par le mercure*, 23 cas d'affection du cerveau ont été observés, soit : (14,46 POUR 100).

« Maintenant, si à cette écrasante éloquence des chiffres, on ajoute l'influence nocive bien connue de l'action prolongée du mercure sur les centres nerveux (tremblement, démence, paralysies, épilepsie, etc.), quel terrible soupçon se dégage aussitôt de ce rapprochement! Avec quelle anxiété l'esprit se demande si, pour beaucoup de ces accidents notés *syphilis du cerveau*, mieux ne vaudrait pas peut-être l'étiquette : MERCURISME CÉRÉBRAL!

« Car, ne l'oublions pas, pour le mercure, comme pour tant d'autres agents toxiques employés en médecine, c'est la dose qui fait tout : un grain d'opium apaise la douleur, un gramme donne la mort! Aussi bien croyons-nous répondre ici à la pensée de l'immense majorité des médecins, en terminant par la déclaration suivante :

« Ayant à choisir entre une syphilis ordinaire et trois ou quatre ans de mercure à haute dose, nous choisirions avec empressement la syphilis! Nous la choisirions encore, dussions-nous être forcé de laisser à la nature seule le soin de nous guérir : *E duobus malis, elige minimum.* »

QUI COMMENCE BIEN ET FINIT MAL

Georges D..... faisait depuis quelque temps la cour à Mme de B....., que nous appellerons une femme honnête, c'est-à-dire une femme légitimement mariée. Les antécédents de Mme de B..... étaient déplorables. Pendant quelques mois après son mariage, elle s'était bien essayée à la fidélité ; mais peine perdue ! Ce sobre régime, comme à la plupart de ses semblables, ne pouvait longtemps lui suffire. Georges fut donc bien vite agréé. M. de B..... devant s'absenter prochainement, on irait aussitôt passer vingt-quatre heures dans une petite ville de la banlieue, la prudence devant toujours faire partie de ces sortes d'expéditions.

Notre couple débarquait donc un vendredi matin, jour de Vénus, vers onze heures, dans la jolie et pittoresque ville de Poissy. Ils se dirigèrent, par le boulevard de la Seine, sur la terrasse plantée de tilleuls qui borde un petit bras du fleuve, et vinrent s'installer à l'hôtel-restaurant du *Pécheur*.

Mais il est temps de faire connaître physiquement Mme de B....., destinée à jouer le principal rôle dans ce récit. C'est une petite blonde, moyennement jolie, avec des yeux d'un bleu vert, vifs, ardents, sensuels, et dont les lèvres mobiles, charnues, rougies au carmin, découvrent à chaque instant une brillante rangée de blanches incisives. Elle parle beaucoup; tout sujet frivole ou sérieux lui est bon, le plus souvent même elle parle de rien; elle s'écoute et rit aux éclats pour les moindres choses.

Malgré ses allures vives, ses passions ardentes, Mme de B..... est bien tourmentée, et rarement un mois se passe sans qu'elle aille consulter un nouveau médecin. Enfin qu'avez-vous donc à vous plaindre ainsi, lui demandait un jour une de ses amies? Je marque sans cesse mon linge en blanc, c'est une désolation, ma chère, répondit-elle tout bas.

Le déjeuner fut gai; l'après-midi, on descendit en barque vers Villaine et Médan; Georges rama beaucoup pour revenir, car le courant est assez rapide en cet endroit. Le dîner avait été commandé pour la circonstance, les sauces de haut goût y dominaient. La nuit venue, la chaleur étant encore accablante, on prit pour se désaltérer quelques bocks de mauvaise bière et des boissons glacées.

Onze heures sonnaient, ils rentrèrent.....

..... Le lendemain on les voyait sortir assez pâles, les yeux cernés d'un large cercle de bistre. Le déjeuner terminé, ils se traînaient vers la gare; une heure après ils étaient de retour à Paris.

Presque aussitôt Georges venait me faire part de son aventure, il était tout fier de lui-même, il s'était surpassé. Toutefois, en garçon prudent, il n'avait pas négligé certain lavage préservatif chaudement recommandé par son pharmacien; puis, pour se remettre, il avait été se plonger longuement dans un bain tiède.

Cruelle déception!... Trois jours s'étaient à peine écoulés depuis ce petit événement, que je vis de nouveau entrer Georges dans mon cabinet, non plus, cette fois, avec l'air de bravoure qui le distinguait à sa précédente visite, mais tout penaud et déconfit. Hélas! hélas!

s'écria-t-il, M. de B..... est bien vengé. Je suis tout en larmes, mon cher, tu sais de quelles larmes je veux parler; par instants c'est comme du feu.

Allons, dis-je en riant, toujours ces blondes, elles n'en font jamais d'autres. Ne t'avais-je pas déjà maintes fois cité la célèbre recette, formulée jadis par Ricord, pour *attraper* ce qui t'afflige [1]. Sans t'en douter, tu ne l'as que trop fidèlement suivie.

Les choses eurent leur cours habituel, la source se tarit assez vite, en trois semaines tout était terminé.

— Comment, me disait un jour Georges, ce bon et placide M. de B..... peut-il, au milieu des débordements de sa femme, si funestes aux autres, conserver ce teint florissant, cette merveilleuse et intégrale santé ?

— Un seul petit verre de vieille champagne facilite la digestion laborieuse d'un copieux repas, trois ou quatre verres rendent malade ; s'il est agréable de fumer un excellent havane, il faut généralement avoir eu bien des nausées

1. Voir p. 25.

pour apprécier cette jouissance. M. de B..... est un *habitué* du logis, et très probablement du logis après lavage, alors que la place est bien nette. Il est de plus un modéré, c'est là tout son secret, témoin l'aphorisme suivant :

« Le contact journalier d'un même irritant peut émousser à la longue la sensibilité des organes, au point de les rendre complètement réfractaires à son action. De là ce fait bien connu de *blennorrhagies résultant de relations passagères avec une femme dont le mari ou l'amant habituel restent en parfaite santé.* »

VÉNUS SORTANT DE L'ONDE

Deux amis descendaient en causant les Champs-Elysées. L'un mince, assez grand, les traits fins et réguliers, très correctement vêtu, avait cet air de distinction parfaite que donnent seuls la naissance ou une éducation accomplie. L'autre, au contraire, plus négligé dans sa tenue, d'une physionomie vive, spirituelle, montrait des tendances à la bohème coquette et affectait une certaine horreur du convenu. Bien que de caractères très différents, ces deux hommes, peut-être même à cause de cette disparité, étaient intimement liés. Le premier terminait ses études de droit, le second était un des élèves les plus distingués de l'Ecole des Beaux-Arts. Voici quel était le sujet de leur entretien :

— Que tu es heureux, disait le peintre, jamais tu n'es tourmenté par ces misères de jeunesse, par ces larmes chaudes et cuisantes, chez moi si communes. Pourtant je connais ta manière de vivre, je sais que tout autant que moi, plus peut-être, tu t'exposes à ces sortes de dangers.

— Si j'étais peintre, répondit l'avocat, je me taillerais un fier succès pour le prochain salon, en y exposant une vaste toile sur laquelle j'aurais représenté Vénus sortant de l'onde.

— Le sujet n'est pas nouveau.

— Oui, mais je lui aurais donné son originalité en montrant une Vénus moderne franchissant la porte qui sépare le cabinet de toilette de la chambre à coucher, et en plaçant cette inscription sur le cadre de mon tableau : *Ne la prenez jamais qu'ainsi*... Pour parler plus clairement : « que le cabinet de toilette soit toujours pour madame l'antichambre obligée de l'alcôve. » Sois aussi exigeant sur ce point délicat que je le suis moi-même, ne pénètre jamais dans la place avant que ta compagne n'y ait fait les ablutions nécessaires, et tu jouiras d'une innocuité semblable à la mienne ; je n'ai pas d'autre secret.

LE LÉVITIQUE

Dans un vaste jardin d'hiver, sous les feuilles de palmier qui retombent en larges éventails, Sarah se repose dans un hamac. Elle incline mollement sur son épaule sa tête orientale et ses cheveux, noir de jais, serrés en deux longues nattes, descendent sur son corps que dessine à ravir le peignoir de soie blanche rayée de bleu qui l'enveloppe. Son visage, d'un blanc mat, trahit une certaine lassitude et ses grands yeux noirs paraissent plus enfoncés encore dans leurs orbites. De la main gauche elle tient un livre qu'elle ne lit pas.

Près d'elle, un jeune homme la contemple autant en artiste qu'en amant. C'est un représentant du type judaïque, si beau chez quelques femmes, moins bien porté par les hommes.

— Sarah que vous êtes en beauté ! Que ne donnerais-je pas pour serrer encore dans mes bras, au milieu de ces plantes aux senteurs capiteuses, votre corps dont les lignes si pures auraient tenté Canova, et d'une blancheur si parfaite que les poètes de l'antiquité l'auraient comparée à celle du lait.

— Un corps de lait, dit faiblement Sarah avec un rire demi-moqueur, mais de lait comme ces fleurs dont la corolle est blanche et le pistil écarlate.

— Qu'importe ! oublions la prescription du lévitique : « la femme qui souffre, ce qui, dans l'ordre de la nature arrive chaque mois, sera séparée de son époux... » Mais aussitôt, revenant à lui, il se rappela que, fils soumis à la religion de ses pères, il devait obéir à la loi de Moïse : *dura lex sed lex !*

Que de chrétiens regrettent, mais trop tard, qu'un législateur divin ne leur ait pas imposé une pareille loi ! Mais que de chrétiens aussi, délicats et expérimentés, s'imposent, sous ce rapport, les mêmes obligations que les enfants d'Israël.

DISCUSSION THÉRAPEUTIQUE

C'était à la fin d'un joyeux repas, au moment où les libations trop répétées font entrer dans la période des confidences. Le café brûlant fumait dans les tasses, et les flacons de cristal, remplis de liqueurs variées, réfractaient en rayons multicolores la lumière des bougies. La conversation était des plus animées, mais on ne s'y occupait guère de discuter sur les mérites et les vertus des concurrents au prix Montyon.

Messieurs, faisons tous notre confession, disait un jeune homme placé au centre de la table et présidant le festin. Qui de nous n'a reçu quelque blessure plus ou moins cruelle en voulant aborder l'île enchantée de Cythère, comme disaient nos pères, qui n'avaient point encore découvert l'île de Croissy? Mais procédons par ordre, distinguons, comme disent les casuistes, et parlons seulement de ce mal humide, titillant, cuisant, horripilant, déliquescent, coulant, tachant, érigeant que vous connaissez tous. Comme nous nous exposerons hardiment encore à ces sortes de rencontre, où l'on est vulnérable même en se munissant d'une cuirasse *ad hoc*, que chacun de nous raconte le moyen qui lui a le mieux réussi pour se promptement guérir.

Le premier qui prit la parole était un jeune homme blond, d'apparence lymphatique, légèrement débilité :

— Je suis certainement, parmi vous, le plus éprouvé, je n'en sors pas, c'est toujours à recommencer. J'ai visité tous les médecins, suivi toutes leurs ordonnances, même les plus contradictoires, rien n'y a fait. J'ai avalé toutes les capsules, les plus renommées comme les plus modestes, j'ai employé les injections les plus variées, depuis celles qui devaient me guérir radicalement en trois jours, jusqu'à d'autres moins retentissantes, mais dont l'efficacité est habituellement mieux attestée par leur action que par la réclame; j'ai subi l'ardent contact du nitrate d'argent : tout a échoué. Maintenant je ne fais plus rien ; quand je suis par trop incommodé, un peu de tannin me remet en état pour quelques jours. Mon dernier médecin m'a affirmé que, sous ce rapport, je ressemblais à bien des femmes, que je marquais en blanc, et qu'il en serait longtemps ainsi.

Après cet homme-femme parla un garçon robuste, plein de vigueur et de santé :

— Quand ce désagrément m'arrive, je lui ai vite réglé son compte ; j'arrose fréquemment le siège du mal d'une solution étendue de sulfate de zinc, et tout est bientôt rentré dans l'ordre.

— Moi, dit un grand individu maigre, long et mince comme un peuplier, j'ai recours aux adoucissants : les bains, le chiendent, la graine de lin, la limonade font mon affaire ; après quoi j'essaye de quelques capsules. Mais je dois dire que j'en ai toujours pour longtemps, deux mois au moins et souvent quatre.

— Et de quoi vous inquiétez-vous, reprenait un gros convive à l'air insouciant et réjoui ? Faut-il qu'une pareille misère vous préoccupe ? Le mépris, le plus profond mépris, voilà mon seul remède, il en vaut bien un autre. Et si le mal se prolonge, je lui oppose une noce vigoureuse. Vive Bacchus! Vive l'amour pendant une longue nuit! Après quoi vingt-quatre heures de repos, et tout est dit.

— Halte-là! répondit aussitôt un jeune docteur en médecine, je me rappelle que tu as parfois bien gémi après ces nuits de débauche thérapeutique, comme tu les appelais, et que tu étais presque toujours plus avarié le lendemain que la veille. Une pareille infraction à l'hygiène aurait-elle pu réussir par hasard, qu'il faudrait bien se garder de généraliser une exception. Si tout le monde suivait ton conseil à la lettre, quelle aubaine pour les apothicaires et les médecins!

— Vive Saturne! s'écriait d'une voix tonnante et fortement méridionale le dernier des interlocuteurs. Comme on se montrait étonné de ce début : « Hé oui! Messieurs, reprit-il, vive Saturne! S'il mangeait autrefois ses enfants, il les guérit ou plutôt les protège aujourd'hui. Moi qui vous parle, vieux routier du boulevard et étudiant expérimenté de vingtième année, je n'ai qu'un remède : l'*eau blanche!* Avec elle, pas de gêne, pas d'ennui. Saturne! C'est à toi que je confie ma compagne avant le congrès et moi-même aussitôt après. Si, malgré tout, je suis atteint, c'est encore à toi que je m'adresse; quinze jours après il n'y paraît plus. Vive l'acétate de plomb, vive l'extrait de Saturne : Père de Jupiter je bois à toi! »

Les convives applaudirent à ce toast mythologique, car la plupart d'entre eux avaient déjà mis en pratique les conseils de leur camarade et en avaient reconnu et apprécié les bons effets. Seul, le grand et maigre partisan de la limonade tenta de protester. « Gardez vos lénitifs pour vous, lui cria-t-on » et Saturne triompha. Cependant celui qui avait parlé le second réclama assez vivement, et à juste titre, en faveur du zinc sur le plomb, faisant valoir que le zinc est non seulement un astringent énergique, mais surtout un antiseptique puissant, capable de détruire les germes dont la pullulation sur la muqueuse est la source du mal.

La discussion allait recommencer, lorsque le président s'interposa :

— Pour mettre tout le monde d'accord, ne soyons pas exclusifs, servons-nous des deux remèdes, puisque tous deux sont excellents : du sulfate de zinc pour arroser fréquemment la muqueuse malade; de bandelettes imbibées d'eau blanche et disposées autour de l'organe, pour arrêter net ou tout au moins pour calmer, par leur action résolutive, l'inflammation qui commence [1].

1. Le traitement qui vient d'être indiqué est celui qui, d'après notre expérience, déjà longue, réussit le mieux contre toute blennorrhagie aiguë.

APHORISMES

Une uréthrite (chaudepisse, blennorrhagie uréthrale) se déclare... Qu'on la guérisse le plus vite possible.

Une prompte guérison de la blennorrhagie uréthrale est le meilleur des préservatifs contre les accidents dont cette maladie peut se compliquer : *sublata causa, tollitur effectus.*

Les boissons diurétiques (tisanes d'orge, de chiendent, de graine de lin, etc) que prescrivent à large dose certains médecins, dans le but de *faire couler* le plus possible, sont plus nuisibles qu'utiles. Étendre et prolonger le mal, tel est l'effet ordinaire de cette pratique surannée.

Tenir au repos un organe malade est la première et la plus urgente des conditions nécessaires pour le guérir. Les boissons diurétiques, à haute dose, en imposant à l'urèthre enflammé un surcroît de travail, ne peuvent que l'irriter davantage et attirer l'inflammation vers le col de la vessie.

La blennorrhagie étant une maladie locale doit être traitée de préférence par des remèdes locaux. Le traitement interne ne doit être employé que comme adjuvant ou pour répondre à certaines indications particulières.

CYSTITE ET PROSTATITE

Rien ne vaut, pour bien faire connaître une maladie, le récit exact d'une observation prise au lit du malade. Le lecteur assiste ainsi à la scène morbide, en suit toutes les phases ; c'est une copie d'après nature. Nous profiterons donc de l'occasion qui nous a été offerte récemment de donner nos soins à un de nos amis atteint de prostatite aiguë d'origine blennorrhagique, pour rapporter ce fait dans tous ses détails.

A...., jeune homme de vingt-six ans, jusque-là d'une très bonne santé, contracta dernièrement une blennorrhagie de moyenne intensité. Ne voulant conter à personne sa mésaventure, il prit le parti le plus détestable, celui de lire des livres de médecine et de se soigner lui-même. On était au moment des vacances et notre malade avait projeté, annoncé même un voyage en Italie. Pour mieux garder son secret, pour ne laisser percer aucun soupçon, il partit directement pour Turin, à la date fixée, trois semaines environ après le début de son mal.

Dans la nuit même de son arrivée, les premiers symptômes d'une prostatite aiguë se déclarèrent. Des envies d'uriner fréquentes, une sensation de pesanteur, de gêne dans la région, une légère excitation fébrile agitèrent le sommeil. Il crut d'abord à quelques troubles congestifs déterminés par la fatigue du voyage (vingt-deux heures consécutives de chemin de fer), mais il s'aperçut dès le lendemain, par l'accroissement des symptômes, qu'il n'en était rien, qu'il s'agissait d'une affection d'une tout autre gravité.

A.... reçut pendant six semaines, à Turin, les soins d'un médecin ; puis, son état paraissant très amélioré, il résolut de revenir à Paris. Pendant ces six semaines, ce jeune homme m'écrivit souvent ; dans ses lettres il me peignait ses douleurs, son état misérable. Mais comme nous allons voir, la même scène, plus émouvante encore, se reproduire à Paris, il est inutile d'y insister.

Si le premier voyage avait été la cause déterminante de la prostatite, le voyage de retour la fit reparaître bien aggravée ; c'est alors que je fus appelé.

Depuis sa rentrée à Paris, A.... était tourmenté par d'incessantes envies d'uriner, et chaque fois qu'il voulait y satisfaire, c'était pour lui un véritable martyre. Tantôt il s'accroupissait, tantôt il se tenait debout, le corps fortement penché en avant, urinant à peine de quoi remplir un coquetier ; l'expulsion des dernières gouttes provoquait des douleurs si vives qu'elles lui arrachaient des cris.

Sous le coup de ces douleurs sans fin, les traits du visage s'étaient profondément creusés, et le facies avait pris l'expression grimaçante d'un masque antique. Les cheveux, collés sur les tempes, étaient trempés de sueur, et cependant, au milieu de tous ces désordres, la fièvre restait modérée, la température axillaire dépassait rarement 38° 5.

La tuméfaction très notable de la prostate occasionnait, dans l'intervalle des douleurs provoquées par les mictions, une pesanteur locale qui devenait assez sensible pour empêcher le malade de s'asseoir et lui donnait la sensation d'un corps étranger volumineux séjournant à demeure. Enfin les urines laissaient déposer un nuage muqueux abondant.

Tous ces symptômes s'accrurent très rapidement, au point que trois jours après son retour à Paris, A.... était pris d'une rétention d'urine complète. Je fus assez heureux pour pouvoir passer, bien qu'avec difficulté, une petite sonde en gomme et évacuer la vessie. Cette évacuation produisit un calme passager très notable; mais le cathétérisme dût être répété une seconde fois quelques heures après.

A des symptômes aussi graves nous devions opposer aussitôt un traitement antiphlogistique des plus énergiques. On commença par une application de dix sangsues qui produisirent une spoliation sanguine assez abondante pour nous forcer à l'interrompre; des suppositoires morphinés contribuèrent à calmer les douleurs; des lavements mucilagineux de graines de lin, que le malade conservait autant que possible, servirent de cataplasmes internes pour la prostate; enfin, comme complément de cette thérapeutique active, notre jeune homme fut soumis à la diète lactée.

Sous l'influence de cette médication, les

symptômes s'amendèrent vite et les mictions, devenues moins fréquentes, se firent assez librement.

Tout marchait bien depuis une dizaine de jours, lorsqu'une nuit, notre malade, sous l'influence d'un rêve érotique, ressentit une longue et violente excitation qui lui laissa une certaine gêne, une certaine ardeur dont il nous fit part le matin même ; le soir, une rechute aussi grave que la première se déclarait.

Les symptômes furent exactement similaires, à l'exception de la nécessité impérieuse du cathétérisme, car la miction pouvait toujours se faire spontanément, mais avec la plus grande difficulté. En même temps que cette rechute, une violente épididymite du côté gauche vint encore compliquer la scène ; elle fut traitée très heureusement par le pansement ouaté.

Les douleurs, vers la fin de la maladie, prirent le caractère névralgique et devinrent progressivement d'une intensité extrême. Elles survenaient par crises, particulièrement le soir et pendant la nuit.

Le traitement de cette seconde rechute fut identique à celui de la première ; suivant la méthode de Thompson, nous avions en plus conseillé des bains de siège chauds, à la température de 35 ou 40 degrés, et dans lesquels le malade ne restait plongé qu'une dizaine de minutes. C'est le temps nécessaire pour que la rubéfaction générale des parties immergées, produite par l'afflux du sang vers les téguments, diminue d'autant l'état congestif des organes pelviens. Enfin les douleurs étaient combattues par des injections sous-cutanées de morphine.

Sept semaines après son retour à Paris, A... était à peu près complètement rétabli. Aucun autre accident n'entrava dès lors la convalescence et ce jeune homme est aujourd'hui définitivement guéri.

(Extrait de mon *Traité pratique des maladies des organes sexuels*, p. 93).

Les conclusions à tirer de ce récit pathologique sont de deux ordres, car cette complication de cystite ou de prostatite — fréquente dans sa forme légère, rare lorsqu'elle se montre aussi grave, aussi violente que dans le cas qui vient d'être relaté — dépend soit de la mauvaises hygiène suivie et des imprudences commises, soit du traitement imposé.

Pour l'hygiène, il saute aux yeux que le malade atteint d'une blennorrhagie doit s'abstenir de boissons alcooliques, de longues marches, d'équitation, de danse, d'escrime, d'une fatigue quelconque et surtout de toute circonstance, réelle ou imaginaire, invitant à l'orgasme sexuel.

Aussi le bromure de potassium ou de sodium est-il un bon adjuvant pour contenir la *Folle du logis*, c'est-à-dire l'imagination vagabonde et obsédante.

La blennorrhagie étant le résultat de la pullulation d'un micro-organisme (*gonococcus*) sur la muqueuse uréthrale, dont l'extrémité antérieure est toujours la première étape, il est de toute évidence qu'un traitement antiseptique doit être immédiatement institué, de façon à enrayer l'extension microbienne vers les parties profondes du canal. Il n'y a donc rien de plus détestable que le traitement de la blennorrhagie au début par les tisanes ou injections émollientes (chiendent, queues de cerise, guimauve, sureau, etc.). Ce sont là, en effet, de véritables liquides de culture offerts à l'entretien, à la reproduction incessante du mauvais germe, et qui facilitent sa pénétration vers le col vésical, unique cause des cystites, des prostatites, des épididymites.

Au début, dès la première heure, si c'est possible, le traitement logique de la blennorrhagie est donc surtout dans l'emploi des injections antiseptiques légères, mais très fréquemment renouvelées. Cette sorte d'irrigation uréthrale détruit et balaye les germes à mesure qu'ils se reproduisent. En un mot, enrayer promptement une blennorrhagie est le moyen le meilleur, sinon le moyen infaillible d'en prévenir les complications.

OUATE A BIJOUX

Il est là, étendu sur son lit de douleur, comme le soldat à l'ambulance. C'est qu'il a été blessé aussi, et grièvement, dans une rencontre nocturne et galante.

Le mal avait commencé par un de ces débordements d'humeur, disons le mot par une pisse-chaulde, suivant l'expression Rabelaisienne, aussi grave que celle, de mémorable ardeur, dont souffrit Pantagruel : « Peu de temps après, le bon Pantagruel tomba malade, et fut tant prins de l'estomach qu'il ne pouvait boire ni manger, et parce qu'un malheur ne vient jamais seul, lui print une pisse-chaulde qui le tourmenta plus que ne penseriez : mais ses médecins le secoururent très bien, et avecques force drogues lénitives et diurétiques le feirent pisser son malheur. Son urine tant estait chaulde que depuis ce temps-là elle n'est encore refroidie. Et en avez en France en divers lieux; et on l'appelle les bains chauds, comme à Cauterets, à Luchon, à Dax, à Balaruc, à Néris, à Bourbonne et ailleurs. » (Rabelais, livre second, chap. XXXIII).

Trois semaines avaient passé depuis cette pénible surprise; le mal n'était pas encore enrayé mais diminuait sensiblement, lorsque notre jeune homme, à la suite d'une trop longue marche, fut pris tout à coup d'une sensation de pesanteur qui dégénéra bientôt en une douleur si vive pendant la station verticale qu'elle le força à prendre le lit. Un des organes jumeaux, le droit, se gonfla en quelques heures au point de doubler de volume, les téguments rougirent légèrement, et la sensibilité de la région, devenue dure au toucher, était si vive que toute pression y provoquait des élancements assez forts pour arracher des cris au malade. En même temps, il y avait un peu de fièvre, d'embarras gastrique et la langue s'était recouverte d'un léger enduit blanchâtre.

Cet état, sans amélioration notable, durait depuis une semaine, lorsque je fus appelé. Je trouvai d'abord au chevet du malade de nombreuses tisanes ainsi qu'une bouteille d'eau d'Hunyadi Janos. Dans le cabinet de toilette, il y avait un bain chaud en permanence, et sur une table proche du lit, on voyait différentes pommades et un pot d'onguent napolitain. Quelques sangsues au ventre élargi, gonflé de sang, dégorgeaient dans un plat, près duquel étaient encore éparpillées des bandelettes de sparadrap de Vigo. De la farine de lin, propre à confectionner de grossiers cataplasmes, moisissait dans un coin; de la glace pilée fondait dans un vase, et on venait d'apporter une matière onctueuse, collante, du silicate de potasse, me dit-on, pour emprisonner l'organe dans un appareil inamovible. Il y avait bien encore là de la teinture d'iode et du collodion, mais notre malade, ayant lu dans certain livre que l'application de ces substances, véritable supplice, était d'un effet thérapeutique plus que contestable, s'y était absolument refusé.

Quand j'entrai, je trouvai ce pauvre garçon bien pâle, bien défait. D'un caractère peu patient, voulant être tout de suite guéri, il avait déjà vu plusieurs médecins ou élèves en médecine et avait successivement exécuté leurs prescriptions, d'où cette abondance inusitée de remèdes. Cependant rien n'allait mieux, la douleur était toujours vive, la sensibilité exquise, le gonflement assez considérable pour donner à la région l'aspect d'une petite poire duchesse. Les téguments étaient toujours tendus, d'un rouge luisant; on avait même parlé de pratiquer une ponction pour permettre l'issue d'une certaine quantité de liquide et diminuer ainsi la douleur.

— Dans quel état vous me voyez, docteur, me dit-il! Depuis huit jours je suis entre les mains de véritables bourreaux; ils m'ont appliqué tous les topiques imaginables, l'officine entière d'un pharmacien y a passé, et je souffre de plus en plus, mon mal augmente chaque jour, c'est à n'y pas tenir. Je vous en supplie, soulagez-moi.

Je me mis aussitôt à confectionner une sorte de sac en taffetas gommé imperméable, garni intérieurement d'une couche épaisse de ouate très fine, dite ouate à bijoux, où j'enfermai soigneusement la partie malade de façon qu'elle y fût modérément serrée et tout à fait immobilisée.

Quand je revins, quelques heures après, les

douleurs spontanées s'étaient envolées comme par enchantement; le lendemain le jeune homme pouvait se lever, le surlendemain il sortait.

La prompte efficacité du pansement ouaté à couverture imperméable, si simple, si facile à construire, qui réussit toujours, sans exception, contre l'épididymite, surprit beaucoup ce malade. Il n'en revenait pas et regardait avec rage ses piqûres de sangsues et toutes les fioles, onguents et pommades qui encombraient sa chambre. « Et dire, pensait-il tout haut, qu'un peu de ouate et de taffetas auraient suffi au lieu de toutes ces drogues, — Vulgarisez autant que possible, *urbi et orbi*, ce mode de pansement, me dit-il quand je le quittai; vous rendrez ainsi un signalé service à tous ceux qui tomberont en pareille infortune.

Le traitement de l'orchite blennorrhagique par le pansement ouaté à couverture imperméable, dont l'invention est due à mon père, le D[r] Ed. Langlebert, constitue certainement un des plus signalés services rendus à la thérapeutique. Ses effets calmants sont des plus rapides; en quelques heures les douleurs les plus vives disparaissent et le malade, presque toujours, peut retourner aussitôt à ses occupations. Comme preuve de cette efficacité, si prompte qu'elle ne cesse d'étonner malades et médecins, je citerai, ne voulant pas me servir des miennes, les observations suivantes, recueillies dans un mémoire du Dr Boulle (de la compression ouatée dans le traitement de l'orchite blennorrhagique, 1887) et, pour les deux dernières, dans le *Traité des maladies vénériennes* du Dr L. Jullien.

Observation I. — G..., voyageur de commerce, est atteint d'une orchite blennorrhagique le 17 avril, et nous le voyons le 19. La tumeur siégeant du côté droit est volumineuse et les douleurs vives provoquées par le moindre choc, la moindre pression, empêchent la marche. Nous appliquons immédiatement la compression ouatée. Dès le lendemain, ce malade va à quinze lieues d'Orléans assister au mariage d'un de ses amis, et pendant trois jours il ne recule devant aucune fatigue. « Je n'aurais pas été malade, nous a-t-il dit depuis, que je n'aurais pas pu m'amuser ni *danser* plus que je ne l'ai fait. »

Observation II. — C..., voyageur de commerce, est atteint, le 23 mai, d'une orchite blennorrhagique gauche. La tumeur a le volume du poing, les douleurs sont violentes. Nous voyons le malade le 28 mai, au matin, et nous lui appliquons la compression ouatée : immédiatement le malade se lève et part dès le lendemain pour Montargis où il reprend ses affaires.

OBSERVATION III. — E... H..., 23 ans, maître d'études, est atteint d'une orchite blennorrhagique du côté gauche, le 1er novembre. Nous le voyons le 3 novembre, au moment où les douleurs sont devenues atroces au moindre contact; nous appliquons immédiatement la compression ouatée et presque aussitôt le malade ne se plaint plus que d'une sensation très supportable de pesanteur et de tiraillement. Le malade reprend son service le 5 novembre, deux jours après le début du traitement, *il peut même danser pendant une heure.*

OBSERVATION IV. — A... C..., 22 ans, employé de commerce, contracte une épididymite du côté gauche, le 20 novembre. Le 23 novembre nous appliquons le pansement ouaté, et le lendemain matin le malade continue à vaquer à ses occupations.

OBSERVATION V. — G..., 22 ans, est atteint d'une épididymite blennorrhagique violente du côté droit; le 19, nous appliquons la compression ouatée et aussitôt le malade marche facilement; le lendemain, il reprend ses occupations.

OBSERVATION VI. — P..., 25 ans, garçon coiffeur, est pris d'une orchite blennorrhagique droite intense, le 18 septembre; le 20, nous appliquons la compression ouatée et, dès le lendemain, le malade peut reprendre son travail qui l'oblige pourtant à rester debout pendant la plus grande partie de la journée.

OBSERVATION VII. — G..., voyageur de commerce, contracte une violente orchite blennorrhagique droite, le 24 janvier. Appelé seulement le 29, nous appliquons aussitôt la compression ouatée ; le malade se lève et reprend ses occupations ; le 5 février, il part en voyage et aucun accident ne s'est produit depuis cette époque.

Observation VIII. — L... G..., serrurier, entre le 5 octobre à l'hôpital de Tours pour une épididymite blennorrhagique. La compression ouatée est aussitôt appliquée ; toute douleur cesse immédiatement et le malade dit ne plus éprouver qu'une sensation de pression. Ne ressentant plus aucune gêne dans la marche, il demande à quitter de suite l'hôpital ; le lendemain, il reprend son travail.

Observation IX. — D..., brigadier au 3e régiment de dragons, se présente à la visite le 27 décembre, pouvant à peine se tenir debout tellement les douleurs sont vives ; la tumeur est de la grosseur du poing.

Sous l'influence de la compression ouatée, qui est immédiatement appliquée, le malade marche facilement, fait son service toute la journée, et le soir même *patine* pendant une demi-heure.

Le lendemain, il monte à cheval et le 31 décembre, après sept jours de traitement, la guérison est définitive.

Observation X. — Horand, de Lyon, cite le cas d'un étudiant en médecine qui, muni d'un pansement Langlebert au début d'une orchite fort douloureuse, put suivre quatre jours durant les fatigantes épreuves du concours pour l'internat en médecine à Lyon.

Observation XI. — Kien, de Strasbourg, se trouvant en présence d'un malade en proie à des douleurs intolérables contre lesquelles le traitement ordinaire restait sans effet, applique un pansement Langlebert et voit tout symptôme céder instantanément, si bien que le lendemain le patient se levait et partait pour la chasse.

UN DRAME

Les petits ruisseaux font de grandes rivières, les petites causes produisent parfois des effets inattendus. Qui aurait pu dire que la fin de ce pauvre Pietro B., richissisme Brésilien, venu à Paris pour parfaire ses études de droit, était si proche. Son visage agréable, sa fortune, ses talents lui ouvraient à deux battants les portes de la grande vie mondaine. Tous les plaisirs, toutes les joies, il pouvait les désirer et les étreindre.

Il avait loué un appartement d'une grande élégance dans un des quartiers les plus aristocratiques de Paris ; on y menait joyeuse vie. Tout marchait à souhait. Ses études, prolongées à dessein, touchaient cependant à leur terme; il pensait retourner bientôt dans son pays, et y remplacer, par une union légitime et durable, les liaisons passagères de Paris. Mais il ne devait pas en être ainsi, et c'était un cadavre qu'on ramènerait au Brésil,

Ce jeune homme avait rencontré, en allant souper dans un restaurant de nuit, une belle fille blonde, à peau fine et transparente, dont les traits distingués, le facies de vierge, trahissaient peu le métier. Vers trois ou quatre heures du matin elle l'emmenait.

Très soigneux de lui-même, malgré l'état d'ébriété légère où il se trouvait, il glissa assez ostensiblement sur la cheminée un gage important de sa solvabilité, puis il supplia la maîtresse de céans de lui dire s'il n'y avait aucun inconvénient à poursuivre plus loin leur intimité. Il ne lui en voudrait pas, il lui serait, au contraire, on ne peut plus reconnaissant de sa franchise. La belle prenant alors des airs de Diane offensée : « On voit bien, lui dit-elle, que vous êtes étranger, pour me tenir un tel langage. Peut-être traite-t-on les femmes avec un pareil sans gêne dans votre pays de planteurs de cannes à sucre ; en France, il en est autrement. J'ai mon honnêteté, honnêteté spéciale, semblez-vous dire, avec vos lèvres pincées pour faire la moue, mais honnêteté quand même. Quand je me donne, je sais que je peux me donner sans la moindre crainte pour le donataire. » Parfaitement convaincu, le Brésilien fit des excuses en son langage imagé et les choses suivirent leur cours.

Trois jours après, il sonnait à la porte d'un médecin et, d'un air navré, humilié, lui contait son histoire : « Foi de Pietro, disait-il en terminant, je jure bien de ne plus jamais croire un mot de ce que me diront les femmes. » Le médecin lui conseilla simplement de l'eau blanche et des injections astringentes au sulfate de zinc. Au bout de quelques jours, un mieux sensible s'était déclaré, mais la source n'était pas encore complétement tarie.... Jusqu'à présent nous n'avons vu que la comédie, ici commence le drame.

Un jour que Pietro B.... venait de faire sa toilette comme de coutume, et de se donner les soins nécessaires à son état, il négligea, avant de s'absenter, de jeter l'eau qui lui avait servi pour ses ablutions. Quand le soir il rentra, la tête lourde et fatiguée, il voulut se rafraîchir le visage et, par une lamentable fatalité, il prit de l'eau oubliée le matin même et dans laquelle s'étaient mêlés quelques germes de son mal. Quelques heures après, une ophthalmie des plus violentes éclatait simultanément dans les deux yeux.

Cette terrible maladie débute d'une manière foudroyante. Le malade éprouve d'abord une sensation douloureuse qui peut être comparée à celle que ferait naître, par sa présence, un corps étranger, par exemple, des grains de sable compris entre la paupière et le globe de l'œil. Bientôt après, et j'insiste sur ce signe, la paupière supérieure rougit; elle se gonfle, se boursoufle, s'allonge dans le sens vertical, et tombe sur la paupière inférieure, qu'elle recouvre presque entièrement sans pouvoir se relever d'elle-même, n'obéissant plus ni au jeu des muscles, ni aux efforts de la volonté.

Si, avec les doigts, on soulève cette paupière, on peut constater que la muqueuse oculaire est d'un rouge vif, écarlate; il s'en échappe un écoulement qui, séreux d'abord, ne tarde pas à devenir très épais, jaune, verdâtre, purulent. Ce liquide est tellement âcre, qu'en se répandant sur les joues, il enflamme la peau et la corrode. Un anneau épais, charnu, très rouge se forme autour de la cornée transparente qu'il encadre.

La douleur s'exaspère, devient de plus en plus intolérable; elle s'irradie de l'orbite, son siège primitif, aux régions temporales, au front et quelquefois jusqu'aux arcades dentaires. Dans certains moments même, la tête tout entière est traversée par des élancements épouvantables, qui arrachent souvent des cris aux plus courageux.

Cependant la cornée transparente résiste encore ; elle jette même un éclat plus lumineux, plus brillant que de coutume; on dirait qu'elle lutte et se débat pour échapper à l'incendie qui l'enveloppe. Mais bientôt elle se trouble ; un nuage grisâtre vient en voiler la transparence ; puis elle se ramollit, s'ulcère ou se boursoufle. Quelquefois même, frappée de mort par l'étranglement inflammatoire, elle se détache et tombe comme un verre de montre, entraînant avec soi le cristallin, les humeurs de l'œil, une portion de l'iris.

Un tel désordre ne se produit pas sans donner lieu à une réaction générale des plus vives. Le malade a de la fièvre, une céphalalgie violente, de l'agitation, de l'insomnie ; il est en proie à une vive anxiété, que ne justifie que trop le danger qui le menace et dont il a le pressentiment. Quelquefois il est comme frappé de stupeur et paraît être insensible à tout ce qui se passe autour de lui ; quant à la vision elle est toujours profondément altérée si elle n'est pas abolie complètement.

Tel fût le cas de ce pauvre Pietro : huit jours après le début de l'ophthalmie il était aveugle !

Un matin, la veille du jour fixé pour son retour au Brésil, comme on entrait dans sa chambre, on le trouva pendu. Sur une grande feuille blanche étaient tracés ces seuls mots : « Adieu, pardonnez-moi. »

De ce fait et de plusieurs autres que nous pourrions citer encore, découle cet enseignement pratique :

Tout individu atteint de blennorrhagie uréthrale doit éviter avec le plus grand soin de porter à ses yeux soit la main, soit un objet quelconque, tel qu'un linge, une éponge, etc., sur lesquels du muco-pus aurait pu être accidentellement déposé.

CIRCONCISION

Abraham L... et Lucien P... sont à peu près du même âge; ils font les mêmes études et leur intimité est de tous les jours. Abraham, son nom l'indique, est d'origine juive; Lucien est catholique, mais, comme le diable, il attend d'être vieux pour se faire ermite.

— Quelle chance est la tienne, dit ce dernier à son camarade; toi et les hommes de ta race, au moins ceux que je connais, vous ne vous plaignez que rarement de ces accidents qui pour nous, au contraire, ne sont que trop communs à la suite des aventures de la vie de garçon. Êtes-vous donc protégés par quelque talisman mystérieux? Jéhovah veille-t-il constamment sur vous?

— C'est chose certaine, répond le Juif d'un

air demi-sérieux. Jéhovah veille ou du moins a veillé sur nous, en ordonnant, par la bouche de Moïse, que tous les juifs soient circoncis le huitième jour après leur naissance. C'est à cette opération de prévoyance que nous devons notre immunité relative. Regarde le marin exposé au plein air de l'Océan ; le laboureur qui peine pendant la plus grande partie du jour couché sur le manche de la charrue ; le soldat, lorsque depuis longtemps il a entrepris une rude campagne : leur visage a bruni, leur peau est devenue plus dure et ils supportent, sans la moindre atteinte apparente, mille influences qui les auraient blessés si, vivant toujours cloîtrés, mettant à peine le nez à la fenêtre, ils avaient conservé une peau trop fine et trop délicate.

— J'entends : mais chaque médaille a son revers ; et, malgré les périls, je préfère encore les sensations vives, raffinées du citadin, aux sens émoussés du laboureur.

— Erreur, grande erreur, mon cher ami. Nous vivons libres, en plein air, au lieu d'habiter une étroite chambre d'où l'on ne peut sortir qu'avec peine, d'où souvent même l'on ne sort pas, chambre non aérée, et difficile à parfaitement lustrer. Au lieu d'étouffer dans un milieu trop étroit, de faire d'impuissants efforts pour se dégager, au lieu de ne rencontrer que de la gêne, de la douleur parfois, l'homme libre ne ressent jamais que joie et plaisir.

— Ainsi sécurité plus grande, plaisir plus durable, progéniture mieux assurée, vos familles nombreuses en sont la meilleure garantie, tels sont les avantages que vous retirez de votre état. Vos pères furent prévoyants : je voudrais bien aussi, en t'entendant parler, devenir un homme libre, mais je crains trop le coup de rasoir libérateur.

— La douleur! mais qu'importe! puisqu'un froid local ou des vapeurs anesthésiques y rendent insensible [1].

1. Grâce au procédé d'anesthésie locale imaginé par mon père, cette opération peut aujourd'hui être pratiquée sans endormir le patient et sans que celui-ci ressente aucune douleur capable de lui arracher un cri. Ajoutons que les suites de l'opération sont tellement simples, que le plus souvent la cicatrisation se fait sans laisser aucune trace visible.

HYPOCONDRIE

Bien triste est le sort de Hector de N.... La jeunesse, la fortune, un grand nom, toutes les joies de vivre, il n'a qu'à les vouloir, mais rien ne peut l'arracher à ses sombres préoccupations. Le plus souvent, seul dans son cabinet de travail, il médite: Que faire ? que devenir? Ne vaudrait-il pas mieux recourir au suicide ! Et, de temps à autre, il jette un regard furtif sur la crosse d'ivoire d'un revolver.

Hector de N... se croit malade. Ayant été frappé, vers l'âge de vingt-deux ou vingt-trois ans, d'une simple blennorrhagie, il suppose que ce mal n'a jamais cessé. Tous les symptômes en ont réellement disparu depuis plusieurs années, mais son imagination, qui l'obsède, les lui fait retrouver. Il a fréquenté d'abord les cabinets des médecins en vogue, mais ceux-ci, scrupuleux de l'honnêteté professionnelle, étaient bientôt forcés de l'inviter à interrompre ses visites, n'ayant pas le pouvoir de guérir un mal qui n'existait pas. Depuis, il s'est adressé aux charlatans qui, moyennant finance, l'ont comblé d'eaux lénitives ou merveilleuses, d'injections détersives, siccatives, instantanées, de poudres adoucissantes, dépuratives, que sais-je encore! N'obtenant pas de résultat, il a échoué chez les somnambules; celles-ci, en regardant les lignes de sa main, ou en lisant dans du marc de café, lui ont conseillé les pratiques les plus saugrenues, les plus bizarres, auxquelles il s'est d'ailleurs scrupuleusement assujetti. Tout dernièrement, il allait encore chez un marchand de vins, fameux rebouteur, qui lui fit porter un petit sac en baudruche plein de lie et enfin, le croirait-on, chez une femme, herboriste de faubourg, très connue pour ces sortes de cures, et dont la boutique ne désemplit pas. Telle est depuis six ans, la vie de Hector de N...

Il pense sans cesse à la gravité de son état, il s'examine chaque jour, mais il ne peut, malgré ses recherches minutieuses, obtenir la moindre marque réelle de son mal, la moindre tache révélatrice. Cependant il éprouve une foule de sensations de chaud ou de froid, des démangeaisons ou des cuissons, des spasmes, que sais-je ! Ce sont des fourmillements, des picotements qui l'énervent, il est absolument sûr que les régions profondes du canal soustraites à la vue, sont envahies par les ulcérations les plus terribles, qu'il ne guérira jamais, etc., etc. Il n'ose tenter la moindre aventure galante. Si, par hasard, cela lui arrive, il passe un mois à se regarder minutieusement à la loupe, regrettant presque de ne rien voir. Il ne pourra pas se marier, car la vie en commun serait pour lui un perpétuel sujet de peine et d'inquiétude, et il craindrait plus que la mort de communiquer à une jeune fille honorable le mal dont il se croit affligé. Il ne pourrait pas non plus avoir d'enfant, et qu'est-ce qu'un ménage stérile ! Il se croit même devenu complétement inapte à la consécration finale du mariage, pénétré de cette idée fixe que chez lui les sources de la vie sont taries : étant sans cesse en état de crainte, les désirs ne viennent plus le hanter.

Chaque jour Hector de N... s'abandonne à de telles réflexions, chaque jour il les assombrit davantage. Jamais ! Jamais il ne verra de fin à ses maux. Ou il acceptera cette situation, continuant, malgré sa fortune, à mener une existence misérable, ou il voyagera, cherchant dans l'imprévu quelque diversion à sa folie. Peut-être même en arrivera-t-il au suicide, car il ne saurait guérir.

Eh bien ! Qu'il fasse un effort. Qu'ayant dans la parole autorisée de l'homme compétent, qui cherche à relever son courage, une foi entière, il arrive à se convaincre lui-même de sa manie, et la vie, jusque-là si sombre, s'ouvrira de nouveau radieuse pour lui. Mais trop souvent semblable énergie, quoiqu'en apparence si simple, est au-dessus des forces humaines.

Qu'on ne croie pas ce tableau exagéré. Les Hector de N... se rencontrent dans tous les mondes. On en voit parmi les banquiers millionnaires aussi bien que chez les artisans, même les plus pauvres.

Voici, à propos et comme complément de cette observation, la description de l'hypocondrie uréthrale — beaucoup plus commune qu'on ne saurait le supposer — donnée par le Dr Ed. Langlebert dans son *Traité des maladies vénériennes*, p. 93.

« Tous les symptômes de l'uréthrite aiguë ont disparu ; il n'y a plus ni rougeur, ni gonflement, ni douleur, l'écoulement est réduit à presque rien ; mais ce rien, par sa continuité, tourmente beaucoup plus le malade que tous les phénomènes intenses dont il a été successivement frappé. Il voit en lui la persistance de son mal, l'incertitude de sa guérison. Son avenir lui paraît perdu; il lui faudra renoncer au mariage, aux joies de la famille, etc. Sans cesse préoccupé de son mal et absorbé par ses craintes, il examine ses urines qu'il recueille avec un soin minutieux, et le moindre trouble qu'il y saisit, le moindre nuage qui en obscurcit la limpidité vient accroître son anxiété. Cet infortuné s'attache aux pas du médecin, qu'il poursuit de ses plaintes et de ses demandes ; il devient l'hôte le plus assidu de son cabinet, et aussi le client le plus intraitable. Vainement s'efforce-t-on de dissiper ses chimères et de le faire renaître à l'espérance ; les consolations qu'on lui prodigue, le courage qu'on cherche à lui donner paraissent le rassurer un instant; mais bientôt le bon effet de ces paroles s'efface, et l'épouvante reprenant le dessus, il retombe dans son hypochondrie.

« Cette hypocondrie, *que j'appellerai uréthrale*, n'est pas la conséquence de toute blennorrhée. Cependant il faut reconnaître que chez tous les malades, ou du moins chez presque tous, quelles que soient l'intelligence individuelle et la position sociale, aussi bien dans les régions élevées de la société que dans les classes les plus infimes, la blennorrhée ou suintement habituel de quelques gouttes d'un mucus clair et transparent comme de l'eau, mais visqueux, adhérant au doigt comme de l'eau de gomme ou de la colle de poisson, est une cause de tourment moral. »

IMPUISSANCE IMAGINAIRE

OBSESSION

Le personnage qui fait le sujet de l'observation suivante ayant su nous dépeindre avec précision, et dans un langage imagé, les visions, les sentiments divers qui, en quelques jours, l'ont obsédé jusqu'au point de lui enlever toute faculté virile, nous avons pu facilement reproduire cet état psychologique d'une âme envahie, puis dominée, écrasée par une idée fixe.

Des cas semblables ne sont pas très rares ; il faut les attribuer à une défaillance locale survenue pour une cause quelconque. Le souvenir de cet accident, de cette chute, pourrions-nous dire, laisse alors dans l'esprit un sentiment de crainte, de doute de soi-même qui, en amour comme en toute chose, diminue singulièrement les forces, s'il ne les paralyse complétement.

Une autre cause assez commune d'impuissance réside encore dans un état d'hypocondrie faisant croire à des affections de l'urèthre, surtout à des pertes séminales involontaires qui n'existent, le plus souvent, que dans le cerveau troublé des malades.

Le comte de M..... rentrait d'un bal lorsque le jour commençait à poindre; il se mit au lit, le cœur plein de joie, et ne s'endormit que difficilement. A son réveil, vers midi, ses premières pensées eurent pour unique objet les événements de la nuit. Quel triomphe! Quelle possession, encore lointaine en perspective, était venue presque spontanément s'offrir à lui! Cette femme si belle, orgueil de notre colonie algérienne dont elle est native, portant un nom connu, désirée de tout Paris, dans quinze jours elle serait là, toute à lui.

Cette idée passionnelle le pénètre bientôt au point de le plonger, pendant la journée, dans un état aigu d'énervement. Le soir, contrairement à ses habitudes, il ne sort pas. Après le dîner, traîné en longueur, il va s'allonger sur le sofa d'un petit divan turc attenant à sa chambre à coucher. On lui sert deux tasses brûlantes de café qu'il boit avec lenteur, tout en regardant monter au plafond les spirales bleutées, tourbillonnantes qui s'échappent de son cigare. Toujours la même obsession, toujours l'Algérienne est là ! de temps à autre, il ferme les yeux, et il la voit distinctement : on vient de l'annoncer, il la fait entrer d'abord dans son divan puis, bientôt après, en la pressant un peu, lui fait franchir le seuil de sa chambre.....

Vers une heure du matin il se couche, mais malgré les fatigues de la veille, il ne dort pas ou plutôt il dort mal. L'Algérienne est encore là vivante et deshabillée devant lui.

Le lendemain et pendant dix jours, ce fut à peu de chose près la même scène. De M..... ne sortait presque plus, une pensée unique, une seule image, celle de l'Algérienne, l'accaparait. Le matin, on ne le voyait plus à cheval, caracolant avec grâce dans les allées du bois ; le soir, à peine faisait-il au club une courte apparition, à peine allait-il entendre un acte à l'Opéra.

Mais l'avant-veille du jour fixé pour cette

rencontre si attendue, l'état du comte a notablement changé. Si, pendant la semaine précédente, il se sentait presque continuellement apte à saisir l'occasion qui allait se présenter, il n'en était plus tout à fait de même aujourd'hui. La grande fatigue, l'épuisement qui résultaient d'une obsession incessante, avaient changé le caractère de ses rêveries. C'était encore de gracieux tableaux, mais d'où l'excitation était le plus souvent absente. De plus, par respect pour son amie nouvelle et aussi, disons-le, dans la crainte de diminuer ses forces, en les dispersant, il avait, depuis le bal, renoncé à ses anciennes relations. Abstinence, ferai-je remarquer, qui va ordinairement juste à l'encontre du but qu'on se propose.

Le soir venu, le comte s'enferme encore dans son petit salon turc, mais il a beau évoquer en rêverie ce qui se passera dans deux jours, en scruter minutieusement tous les détails, ces pensées ne produisent plus qu'incomplétement en lui leur effet accoutumé. Cette fatigue commence à l'attrister, sans pourtant encore l'inquiéter par trop.

Dans la journée du lendemain ses préoccupations deviennent plus vives. Jamais semblable idée n'avait jusqu'alors traversé son esprit; non! cela n'était pas possible, un gentilhomme ne saurait manquer à sa parole.

Cependant la première partie de la nuit est mauvaise; de M..... a beau se représenter l'Algérienne, il a beau la voir, la palper, pour ainsi dire, il n'en reçoit plus l'émotion vivifiante. « Depuis quinze jours j'ai trop pensé à cette femme, se dit-il, essayons de dormir, et demain, quand elle sera là, toute émue et vibrante, nous verrons bien! » Bientôt il s'endormit d'un sommeil de plomb qui ne fut troublé par aucun songe. Aussi, son imagination l'ayant laissé reposer, quelle joie de reconnaître au réveil que ses craintes étaient chimériques!

Trois heures sonnent. Devant la grille de l'hôtel une voiture s'est arrêtée; une jeune femme en descend, soigneusement enveloppée d'un long manteau, coiffée d'un chapeau à larges bords, et le visage masqué d'une voilette épaisse. Tremblante, elle monte les quelques marches du perron, franchit le seuil et rencontre aussitôt le comte qui s'était précipité au-devant d'elle. De M..... la fit monter d'abord dans le petit salon attenant à sa chambre à coucher, puis l'aida à ôter son manteau, son chapeau, sa voilette, le tout lentement, voluptueusement. Pendant qu'elle retirait ses gants, il la fit asseoir près de lui. La jeune femme le laissait faire, ne bougeait pas, prenant un malicieux plaisir à voir de M..... s'embrouiller au milieu des agrafes et les faire sauter d'impatience.....

Malgré cette ardeur apparente, un examinateur attentif aurait pu remarquer une certaine anxiété sur les traits du comte. Il paraissait inquiet, préoccupé : peut-être n'était-ce que le résultat d'une émotion exagérée, mais peut-être aussi ne sentait-il pas naître en lui le sûr garant de mener à bonne fin son amoureuse entreprise.

Les rideaux de l'alcôve sont tirés et laissent seulement filtrer une obscure lumière tamisée de rouge. . . . .
Alors, après plusieurs minutes d'inutiles tentatives, ce pauvre de M..... qui avait d'abord essayé de se tromper lui-même, espérant toujours que quelque chose finirait par surgir du néant, se prit à désespérer, à renoncer à la joie de posséder sa maîtresse, qu'il n'avait fait jusque-là que couvrir de stériles et énervantes caresses. Bientôt il se sent comme serré

à la gorge : plus il veut être fort, moins il le peut. Finalement il pâlit et, accablé de fatigue, honteux de lui-même, il laisse tomber sur l'oreiller sa tête inanimée, dont les tempes et le front sont trempés de sueur.

Sans mot dire, l'Algérienne se lève, se rhabille à la hâte. Et quand le jeune homme revenant à lui, se ranimant peu à peu, ouvrit les yeux, il la vit prête à partir : « Ne vous dérangez pas, dormez bien, lui dit-elle, en le regardant d'un air de pitié moqueuse et en le persiflant de sa jolie voix. Je ne regrette qu'une chose pour vous, c'est que je n'aie pas le pouvoir de réveiller les morts ; ce n'était vraiment pas la peine de me faire venir pour si peu. Adieu.

Depuis cette maudite aventure, le pauvre de M..... n'a plus essuyé que des déboires. Quelle vie ! Quelle existence ! Quelle torture ! Chaque fois que cet homme veut tenter une nouvelle épreuve, le souvenir cruel de l'Algérienne, ses dernières paroles reviennent à sa pensée, et il demeure aussi impuissant qu'en cette fatale journée. Et pourtant, lorsqu'il est seul, qu'il se réveille le matin, sans que des rêves pénibles aient hanté sa nuit, il se sent un homme à tous égards. Mais qu'il recherche une femme : à peine le flirtage a-t-il commencé que le fantôme de l'Algérienne apparaît aussitôt, et alors adieu les désirs ! la crainte, toujours la crainte les éteint, les paralyse.

Curieux effet de l'esprit ! C'est elle, c'est elle seule, cette obsession qui est cause de pareille défaillance. Supprimez ce mauvais souvenir, effacez cette idée de mort locale, et l'ardeur des sens reparaîtra, car elle n'a pas coutume de déserter les belles années de la jeunesse. Témoin le fait qui va suivre.

UNE NUIT DE NOCES

Un dimanche matin, un monsieur se présente chez moi et demande à me parler avec une telle insistance, que mon domestique, violant pour lui sa consigne, le reçoit et l'installe dans mon cabinet. Un instant après, je me trouvais en présence d'un homme d'une trentaine d'années, d'une tournure distinguée et paraissant fort ému.

Docteur, me dit-il, voici ce qui m'amène chez vous, et me servira d'excuse pour être venu vous déranger à cette heure matinale. Je me suis marié hier; j'ai eu soin de ne pas me fatiguer à ma noce où j'ai observé la plus grande sobriété, tenant à éviter tout ce qui aurait pu me gêner dans l'accomplissement d'un devoir pour lequel je voulais me réserver tout entier. Et cependant, la nuit venue, impossible!... Et jusqu'au lever du jour où je pus enfin quitter cet enfer, moi qui avais rêvé un paradis (*textuel*), je dus me résigner à ne donner à ma jeune femme, que j'aime tant, d'autre témoignage que celui d'un tendre respect! J'ai trente ans, ma santé est excellente, et jamais pareille chose ne m'était arrivée : Que faire, Docteur, que faire? Comment sortir de cette situation qui ne pourrait, en se prolongeant, que me couvrir de honte et de ridicule?

— Monsieur, lui dis-je, il faut rentrer chez vous et vous dire indisposé.

— Oh! docteur la chose est faite... Vous devez comprendre que malgré la certitude morale que j'avais, — la seule hélas! que je possède encore, — de l'inexpérience de ma femme, j'ai dû invoquer un prétexte.

— Eh bien! vous continuerez à être indisposé, et, pour mieux soutenir votre rôle, vous prendrez la potion que je vais vous prescrire, potion qui, d'ailleurs, possède une certaine vertu aphrodisiaque. (C'était un mélange d'eau distillée et d'une teinture aromatique). Mais, ajoutai-je d'un air convaincu, il importe, pour en assurer la réussite complète, que vous couchiez ce soir avec votre femme, en prenant la ferme résolution de résister à vos désirs, au moins jusqu'à la nuit suivante.

— Je vous le promets, docteur, mais je crains fort, hélas ! que mon obéissance à cette dernière recommandation ne me coûte pas une grosse dépense de volonté.

Le lendemain mon client revenait tout rayonnant de joie. Il m'apprenait que ma potion avait si bien réussi, du premier coup, qu'il lui avait été impossible de tenir sa promesse... C'était bien là le résultat que j'attendais. En lui recommandant d'entrer dans le lit de sa femme avec la ferme volonté de résister à ses désirs, j'avais délivré son esprit de la crainte d'un nouvel insuccès, laquelle crainte n'eût pas manqué de reproduire chez lui l'état d'impuissance dans lequel l'avait jeté, la veille, une trop vive émotion.

Comme corollaire de ce récit et de celui qui précède, nous reproduirons les deux citations suivantes, extraites des *Essais* de Montaigne.

« Les mariez, le temps estant tout leur, ne

doibvent ny presser ny taster leur entreprinse, s'ils ne sont prests : et vault mieux faillir indécemment à estrener la couche nuptiale, pleine d'agitation et de fiebvre, attendant une et une aultre commodité plus privee et moins alarmee, que de tumber en une *perpétuelle* misere, pour s'estre estonné et desesperé du premier refus. Avant la possession prinse, le patient se doibt, à saillies et divers temps, legierement essayer et offrir, sans se picquer et opiniastrer à se convaincre definitivement soy mesme. »

« Je suis de ceulx qui sentent très grand effort de l'imagination ; chascun en est heurté, mais auculns en sont renversez. Son impression me perce ; et mon art est de luy eschapper, par faulte de force à luy résister. »

Et mon art est de luy eschapper! Tout le traitement de l'impuissance par cause morale est compris dans cette phrase.

FIN

TABLE DES MATIÈRES

PREMIÈRE PARTIE

PROPHYLAXIE DES MALADIES VÉNÉRIENNES

DEUXIÈME PARTIE

PROPHYLAXIE DU CHARLATANISME

RÉCITS ANECDOTIQUES

SUR LES DANGERS DE LA VIE DE GARÇON

PARIS. — IMP. C. MARPON ET E. FLAMMARION, RUE RACINE, 26.

www.ingramcontent.com/pod-product-compliance
Ingram Content Group UK Ltd.
Pitfield, Milton Keynes, MK11 3LW, UK
UKHW021903260726
13966UKWH00006B/339

9 782011 917898